本书的视频制作得到了"乡村振兴战略下'三农'融合出版探索"项目的资助

扫码看视频·病虫害绿色防控系列

葡萄病虫害绿色防控彩色图谱

全国农业技术推广服务中心　组编

张怀江　周增强　主编

中国农业出版社
北　京

图书在版编目（CIP）数据

葡萄病虫害绿色防控彩色图谱/张怀江，周增强主编．—北京：中国农业出版社，2020.11（2022.5重印）
（扫码看视频·病虫害绿色防控系列）
ISBN 978-7-109-26975-0

Ⅰ．①葡…　Ⅱ．①张…②周…　Ⅲ．①葡萄-病虫害防治-图谱　Ⅳ．①S436.631-64

中国版本图书馆CIP数据核字（2020）第108988号

中国农业出版社出版
地址：北京市朝阳区麦子店街18号楼
邮编：100125
责任编辑：国　圆　郭晨茜　郭　科　文字编辑：赵钰洁
责任校对：刘丽香
印刷：北京通州皇家印刷厂
版次：2020年11月第1版
印次：2022年 5 月北京第2次印刷
发行：新华书店北京发行所
开本：880mm×1230mm　1/32
印张：4.75
字数：100千字
定价：30.00元

葡萄在我国南北方均有种植，是重要的水果之一。据统计，2018年，我国葡萄的种植面积达到72.51万公顷，产量为1 366.68万吨。鲜食葡萄因浆果形态美观、风味佳、营养价值高等特点深受广大消费者的喜爱；酿酒葡萄经过加工，可以形成附加值更高、口味香醇的美酒，从而可大大提升葡萄产业的经济效益。近年来，随着葡萄产业的高速发展，在许多地区已经成为农民增收致富的重要途径。然而，由于种植面积扩大、品种更替、栽培技术升级换代等原因，病虫害的种类也在逐渐发生变化，有些病虫害呈逐渐加重趋势。为了提高我国葡萄病虫害绿色防控水平，科学解决生产中病虫害防治难题，使广大果农和农技人员能够对病虫害快速识别、高效防治，最终实现葡萄生产由数量型向质量型、安全型转变，我们以图文并茂外加短视频的形式编写了这本《葡萄病虫害绿色防控彩色图谱》。

全书内容分为病虫害识别与绿色防控两大部分，以图文结合的形式先后介绍了24种病害、16种虫害。同时，为了便于识别和防控每种病虫害，本书精选了病虫害照片百余张，并配有短视频，以实现文字、图片、视频的融合，全媒体阅读学习。文字内容力求通俗易懂，便于理解操作。

对于病虫害化学防治中农药的选择，我们以2019年中华人民共和国国家卫生和健康委员会、农业农村部和国家市场监督管理总局联合发布的《食品安全国家标准　食品中农药最大残留量》(GB 2673—2019) 的规定为参考。但所涉及推荐农药的使用浓度和使用量会因葡萄品种、栽培方式、地域生态环境差异等因素而有一定的差异，在实际使用过程中，应以所购买的农药产品使用说明书为准，或咨询当地技术人员。

在本书编写过程中，得到了中国农业科学院果树研究所、中国农业科学院郑州果树研究所以及中国农业科学院植物保护研究所、辽宁省果树科学研究所、山西省农业科学院植物保护研究所、河北省农林科学院植物保护研究所等单位有关专家的大力支持与指导，在此表示感谢。同时，感谢国家重点研发计划项目 (2017YFD0201008—06) (2017YFD0200300) 的支持。

我国幅员辽阔，葡萄种植分布广，不同地域之间环境差异大。由于编者的研究工作、生产实践经验及所积累的技术资料还十分有限，书中难免有遗漏、偏颇等不足之处，恳请有关专家和广大读者批评指正，以便今后不断修改、完善，在此深表谢意。

编　者

2020年10月

说明：本书文字内容编写和视频制作时间不同步，两者若有表述不一致，以本书文字内容为准。

目 录
CONTENTS

PART 3　综合防控技术

PART 1

病 害

葡萄白腐病 ···

田间症状 该病主要为害果穗、枝条和叶片，以果穗受害最为严重。

葡萄白腐病

果穗：发病初期在小果穗、穗轴上出现浅褐色水渍状病斑，3～5天后扩展到果粒基部，整个果粒变软腐烂（图1），并发出土腥味。后期果皮上密生灰白色小粒点，为病菌的分生孢子器（图2）。受害后的果粒果形不变，受振后易脱落，未脱落的病果挂在树上逐渐失水皱缩干枯成为有明显棱角的僵果（图3），穗轴、果梗也因病失水萎缩。

图1 果粒变软腐烂

图2 果粒上的分生孢子器

图3 未脱落的病果失水皱缩

枝条：发病初期为水渍状淡褐色病斑，扩大后呈暗褐色不规则形凹陷病斑（图4），病部表面密生灰白色小粒点，为病菌的分生孢子器（图5）。之后病斑中部明显缢缩，使整个病部表皮死亡脱落，残留的病组织纵裂呈乱麻状（图6），病部上端病健交界处产生愈伤组织，呈瘤状隆起，严重时引起上部枝梢枯死。

　　叶片：多从叶尖、叶缘处开始，初生淡褐色至褐色水渍状圆形或不规则形病斑（图7），逐渐向叶片中心蔓延，干枯、易破裂，病斑上有时形成深浅不同的轮纹，天气潮湿时长出灰白色小点，为病菌的分生孢子器。

图4　暗褐色不规则形凹陷病斑

图5　病蔓上的分生孢子器

图6　病蔓呈乱麻状

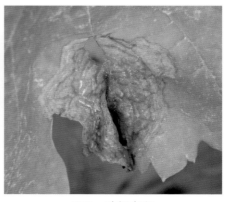

图7　叶部病斑

发生特点

病害类型	真菌性病害
病原	无性世代为白腐垫壳孢[*Coniella diplodiella* (Speg.) Petrak & Sydow]，属半知菌亚门腔孢纲球壳目垫壳孢属；有性世代为*Charrinia diplodiella* (Speg.) Viala & Ravaz，属子囊菌亚门，在我国尚未发现。国外报道该病的病原为白腐盾壳霉菌[*Coniothyriurm diplodiella* (Speg.) Sacc.]
越冬场所	病菌主要以分生孢子器、分生孢子和菌丝体在病残体（如僵果）和土壤中越冬
传播途径	雨滴溅散为主，昆虫携带也可传播
发病原因	感病品种大量种植时易发病；病菌侵入需要伤口，各类农事活动造成伤口多时发病重；果穗着生部位低易发病；高温、高湿、大雨、暴雨、冰雹等气候条件下易发病

以分生孢子器、分生孢子或菌丝体在病残体或土壤中越冬

翌年春季，产生分生孢子

分生孢子借雨水或昆虫传播进行初侵染

病组织产生分生孢子器和分生孢子

分生孢子再传播进行再侵染

防治适期 果实着色前至成熟期。

防治措施

（1）**选用抗病品种** 在病害经常流行的田块，尽可能避免种植感病品种，选择抗性好、品质好、商品率高的高抗和中抗品种，如甬优1号、夏黑、京亚等。

（2）**清除病原菌** 结合冬季修剪，彻底清除病枝蔓和挂在枝蔓上的僵果，并将病残体集中销毁或深埋；生长季及时摘除病果、病枝叶，减少再侵染源，抑制病害发展。

（3）**加强栽培管理** 采用避雨栽培或棚架＋套袋模式，结合绑蔓和疏花疏果，使结果部位尽量提高到距地面40厘米以上，可减少地面病原菌接触的机会，有效地避免病原菌的传染发生；及时绑蔓、摘心、除副梢和疏叶，创造果园通风透光环境；适当增施钾肥，避免多施氮肥，提倡多施腐熟有机肥；各类农事作业时要尽量减少葡萄的创伤面，并及时防治其他病虫害；合理负载，增强树势。

（4）**药剂防治**　萌芽前全园普喷1：1：100波尔多液。而后根据病情及天气情况，每7～15天喷施1次，第一次喷药应掌握在病害的始发期，直到采收前15～20天停止。可选用下述药剂：16%氟硅唑水乳剂3 000～4 000倍液、40%氟硅唑乳油8 000～10 000倍液、10%苯醚甲环唑水分散粒剂1 000～1 500倍液、430克/升戊唑醇水乳剂4 000倍液、10%戊菌唑乳油2 500～5 000倍液、250克/升嘧菌酯悬浮剂833～1 250倍液、60%咪唑·代森联水分散粒剂1 000～2 000倍液、75%百菌清可湿性粉剂600～800倍液、80%代森锰锌可湿性粉剂800倍液等。

温馨提示

　　对于套袋葡萄，套袋前必须使用化学药剂均匀周到地喷施果穗1次，套袋后可以不再喷药。

易混淆病害

　　葡萄白腐病与葡萄房枯病的症状容易混淆，可从以下几点加以区分：

　　①葡萄白腐病果面上的小粒点（分生孢子器）分布密集且较小，葡萄房枯病的小粒点分布稀疏且较大。

　　②葡萄白腐病病果粒极易脱落，但葡萄房枯病的长期不落。

葡萄炭疽病

田间症状　葡萄炭疽病又称晚腐病、苦腐病，主要为害葡萄果实，也可侵染穗轴、枝蔓等。

果实：主要在着色或近成熟的果实上表现出明显的症状。初为紫褐色圆形或不规则形斑点（图8），扩大后病斑呈褐色或黑褐色，稍凹陷（图9）。发病后期，在病斑的表面出现同心轮纹状排列的暗黑色小颗粒点（图10）。潮湿天气下，病斑上可产生橙红色黏稠状的分生孢子

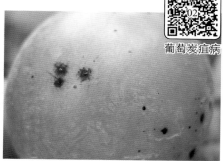

葡萄炭疽病

图8　果实发病初期症状

团（图11）。后期病斑迅速扩展，致果粒几天内腐烂落粒（图12）或挂在树上变成黑色僵果。

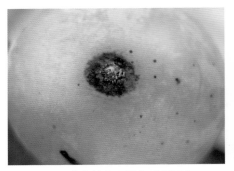

图9 病斑扩大呈褐色或黑褐色

图10 同心轮纹状病斑

图11 果实上的分生孢子团

图12 果实腐烂

发生特点

病害类型	真菌性病害
病原	病原无性世代有4种：果生盘长孢菌（*Gloeosporium fructigenum* Berk.）、葡萄刺盘孢菌（*Colletotrichum ampelinum* Cav.）、胶孢刺盘孢菌（*Colletotrichum gloeosporioides*）、尖孢炭疽菌（*C. acutatum*），均属半知菌亚门炭疽菌属。有性世代为围小丛壳菌 [*Glomerella cingulata* (Ston.) Spauld et Schrenk]，属子囊菌亚门小丛壳属真菌，在自然情况下，国内几乎难以见到
越冬场所	病菌主要以菌丝体在一年生枝蔓表皮、病果或叶痕、穗梗及节部等处越冬，尤以近节处的皮层较多
传播途径	风雨传播为主，也可昆虫传播
发病原因	果实成熟前至成熟期高温高湿、多雨，病害易流行和暴发；果园通风透光不良、排水不良、地下水位高、土壤板结，以及速效氮肥过多等不良栽培条件下病害易暴发

以菌丝体或分生孢子盘在病残体上越冬

翌年条件适宜时，产生分生孢子

分生孢子借风雨或昆虫传播进行初侵染

病组织产生分生孢子

分生孢子再传播进行再侵染

防治适期　着色前开始直到成熟、贮运期。

防治措施

（1）**清洁田园**　结合修剪清除病枝梢、病穗梗、僵果、卷须；扫尽落地的病残体及落叶，集中烧毁。

（2）**加强栽培管理**　采取合理树形，提高结果部位，及时处理副梢；不要过量使用速效氮肥、人粪尿，提倡使用腐熟有机肥；雨后及时排水，防止园内积水。

（3）**实行果实套袋**　一般在果粒黄豆粒大小时进行套袋。套袋前可用16%氟硅唑水剂2 500～3 000倍液或22.2%抑霉唑水乳剂1 200倍液+80%代森锰锌可湿性粉剂800倍液等处理果穗，药液干后立即套袋（图13）。

图13 果实套袋

（4）**推广设施栽培** 提倡采用避雨栽培、大棚或日光温室设施栽培。

（5）**喷药保护**

①葡萄芽萌动期防治。喷洒1.8%辛菌胺水剂50～100倍液或45%代森铵水剂200～300倍液，重点喷结果母枝。

②开花前多雨时预防或防治花穗腐烂。花前可喷1∶（0.5～0.7）∶240波尔多液、10%苯醚甲环唑水分散粒剂2 000倍液等杀菌剂；花后7～10天可喷80%代森锰锌可湿性粉剂800倍液、75%百菌清可湿性粉剂600～800倍液。

③果实膨大期至成熟期防治。每隔10～15天喷1次药，可选用以下药剂：25%咪鲜胺乳油800～1 000倍液、50%咪鲜胺锰盐可湿性粉剂800～1 000倍液、400克/升克菌·戊唑悬浮剂1 000～1 500倍液、40%氟硅唑乳油8 000～10 000倍液、25%丙环唑乳油2 000～3 000倍液、250克/升吡唑醚菌酯乳油1 500～2 000倍液。病害较轻的果园或天气干旱时可改喷70%甲基硫菌灵800倍液、80%炭疽福美可湿性粉剂500～600倍液等药剂，降低喷药成本。

温馨提示

注意在葡萄采收前依据农药安全使用标准确定最后一遍药的喷施时间。在避雨棚下栽培可适当拉长施药间隔期，减少用药次数。

葡萄炭疽病与唑类药剂药害的症状容易混淆，可从以下几点加以区分：

葡萄炭疽病与唑类药剂（如戊唑醇）药害均可造成葡萄果粒产生黑点或黑斑，但葡萄炭疽病一般从着色期开始发病，病斑扩大后会在病部产生粉红色分生孢子团，但唑类药剂的药害在幼果期即可发生，在中后期出现的黑点或黑斑上不会产生粉红色分生孢子团。

葡萄黑痘病

葡萄黑痘病又名葡萄疮痂病，俗称鸟眼病，是葡萄上的重要病害之一，在我国各个葡萄产区均有分布。

葡萄黑痘病

田间症状 该病主要为害叶片、果实、新梢、叶柄、果梗、穗轴、卷须和花序等地上组织，尤其在组织幼嫩阶段发病重。

叶片：初期出现针头大小的褪绿黄点（图14），随后病部变为红褐色（图15）至黑褐色小斑，后继续扩大成近圆形或不规则形中央灰白色、边

图14　叶片出现针头大小的褪绿黄点

图15　叶片上的红褐色小斑

缘有暗褐色或紫褐色晕圈的病斑，最后开裂形成穿孔（图16）。叶脉受害后形成中心灰白色、两侧深褐色的病斑，最后坏死（图17），导致叶片部分或全部枯死。

图16　叶片病斑穿孔

图17　叶脉枯死

果实：果面产生近圆形浅褐色或红褐色斑点，随后病斑周边呈紫褐色，中心呈灰白色，稍凹陷，很像鸟眼，故称鸟眼病（图18）。后期在病斑上面有微细的小黑点，即病菌的分生孢子盘。最后病斑龟裂，果实失去食用价值。

新梢、叶柄、穗轴、卷须、花序：可在发病部位产生暗褐色椭圆形略凹陷的病斑，不久病斑中部逐渐变成灰黑色，边缘呈紫黑色或深褐色（图19），严重时新梢枯死（图20）。

图19　枝蔓上的病斑

图18　果粒上的"鸟眼"

图20　新梢枯死

发生特点

病害类型	真菌性病害
病　原	无性世代为葡萄痂圆孢菌（*Sphaceloma ampelinum* de Bary），属半知菌亚门痂圆孢属，在我国常见。有性世代为痂囊腔菌[*Elsinoe ampelina* (de Bary) Shear]，属子囊菌亚门腔菌目痂囊腔菌属，我国尚未发现
越冬场所	病菌以分生孢子器、菌丝体在病叶、病叶痕、病果、病蔓等组织上越冬。病菌生活力很强，在病组织中可存活3～5年之久
传播途径	以风雨传播为主
发病原因	早春高温多雨，或生长中后期多雨、田间湿度大，此时果园茂密，易导致感病品种病害发生与流行。黑痘病发病也与葡萄品种关系密切，红地球、阳光玫瑰、夏黑为感病品种，而巨峰、户太8号等为高抗品种

（续）

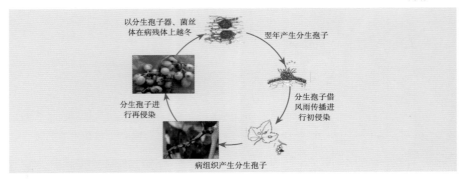

以分生孢子器、菌丝体在病残体上越冬

翌年产生分生孢子

分生孢子借风雨传播进行初侵染

分生孢子进行再侵染

病组织产生分生孢子

防治适期 展叶后至生长中后期、秋末至越冬前为该病害防治的关键时期。

防治措施

（1）**重视苗木检验与消毒** 调运苗木时要严格消毒，一般不要从病区引进苗木和接穗，重病苗木或接穗必须淘汰，轻病苗木和疑似感病苗木需进行消毒。消毒方法为将苗木或接穗在40%氟硅唑乳油6 000倍液或3%～5%的硫酸铜液中浸置3～5分钟后取出定植。

（2）**选择抗病品种** 巨峰、户太8号等品种抗病，红地球、美人指、阳光玫瑰等品种感病。

（3）**清洁果园** 及时清理病果、病叶、病蔓、病卷须等病组织。

（4）**加强栽培管理** 中后期及时处理副梢，采取滴灌或水肥一体化技术，雨季注意排水，中后期控制速效氮肥用量、多施磷钾肥。

（5）**药剂防治**

①春季葡萄萌芽前的防治。全园喷1次77%硫酸铜钙可湿性粉剂200～300倍液或3～5波美度石硫合剂，清除枝蔓上残存的越冬菌源。

②展叶后至花前1周的防治。喷10%苯醚甲环唑水分散粒剂1 500倍液、50%醚菌酯水分散粒剂2 000倍液等药剂。

③幼果期的防治。喷1∶0.5∶（160～200）波尔多液、10%苯醚甲环唑水分散粒剂1 500～2 000倍液或10%氟硅唑水剂2 000倍液。

④果实膨大期及以后的防治。喷40%氟硅唑乳油8 000～10 000倍液、10%苯醚甲环唑水分散粒剂1 000～1 500倍液、250克/升嘧菌酯悬浮剂833～1 250倍液，并与80%代森锰锌可湿性粉剂800倍液或70%代森联可湿性粉剂600～700倍液等混合施用。

葡萄灰霉病 ·····························

田间症状　该病主要为害花序、果实或穗轴，也可为害新梢及叶片。

花序：病部初呈水渍状淡褐色病斑，随后病部色泽变暗，严重时整个花穗失水萎缩、软腐坏死（图21），落花落果，并长出一层鼠灰褐色霉层覆盖病部表面，为病菌的分生孢子梗和分生孢子。

图21　花序软腐坏死

果实：果实多在近成熟期或贮藏期染病。初期在果面出现近圆形灰褐色斑点，扩大后病斑凹陷，随后果皮与果肉分离，病部腐烂，并在整个果面或果皮裂缝处长出鼠灰色霉层（图22至图24）。

葡萄灰霉病

图22　果面长出鼠灰色霉层

图23 果实裂缝处长出鼠灰色霉层

图24 果穗长满鼠灰色霉层

穗轴：引起穗轴软腐（图25）。

新梢：出现不规则形状的淡褐色病斑，若防治不及时，病斑处会产生鼠灰色霉层，后期发病部位呈漂白色，覆盖黑色菌核或灰色分生孢子。

图25 穗轴软腐

叶片：尖端常出现V形病斑（图26），呈淡黄褐色，有时出现轮纹不明显的褐色病斑，病斑处多产生鼠灰色霉层，叶柄受害后导致叶片迅速枯萎（图27）。

图26 叶片出现V形病斑

图27 叶片枯死

发生特点

病害类型	真菌性病害
病 原	无性世代为灰葡萄孢（*Botrytis cinerea*），属半知菌亚门葡萄孢属。有性世代为富氏葡萄孢盘菌[*Botryotinia fuckeliana*（de Bary）Whetzel]，属子囊菌亚门葡萄孢盘菌属
越冬场所	病菌以分生孢子、菌核及菌丝体随病残体在土壤中越冬，也可以菌丝体在树皮和冬眠芽上越冬。病菌还能够侵染多达235种作物，成为越冬菌源
传播途径	以气流传播为主

（续）

发病原因	花期前后遇低温潮湿天气、着色期至成熟期遇暴雨或雷阵雨等高温高湿、弱光照天气，易引发病害流行；葡萄不同品种间抗性不同，易裂果的品种或管理不当造成裂果的品种发病严重，如巨峰、新玫瑰、白玫瑰等易感病

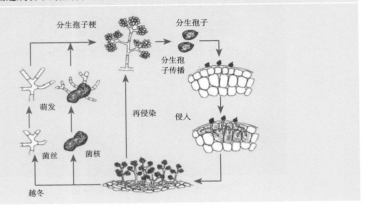

防治适期 花序分离后到开花期，着色期至果实成熟期。

防治措施

（1）**选用抗病品种** 葡萄不同品种抗灰霉病的能力有明显的差异，巨峰、红宝石、红地球等品种高度感病。

（2）**搞好果园内卫生** 生长季及时剪除病花穗、病幼果穗、病果粒，减少田间发病中心及菌量；落叶后彻底清除树上、树下的病僵果，带到园外集中销毁，减少园内越冬菌量；萌芽前全园包括架材喷3～5波美度石硫合剂，清除越冬菌源。

（3）**加强管理，合理修剪，改善果园通风透光条件** 避免花穗管理时人为造成伤口；适当控制氮肥用量，增施有机肥和磷钾肥用量；避免果园积水和长期干旱，促进树体健壮生长；加强套袋前病害的预防。

（4）**药剂防治** 在花序分离期至落花后、果实近成熟期至成熟期喷药，间隔期7～10天，可选用40%嘧霉胺悬浮剂1 000～1 500倍液、50%啶酰菌胺水分散粒剂1 000～1 500倍液、50%腐霉利可湿性粉剂1 500～2 000倍液、50%嘧菌环胺水分散粒剂1 000倍液、50%异菌脲可湿性粉剂750～1 000倍液、50%乙烯菌核利干悬浮剂500～600倍液、50%乙霉·多菌灵可湿性粉剂1 000～1 500倍液、42.4%唑醚·氟酰胺悬浮剂2 500～4 000倍液、40%嘧霉·异菌脲悬浮剂1 000～2 000

倍液、38%唑醚·啶酰菌水分散粒剂1 000 ～ 2 000倍液等药剂进行喷雾防治。

易混淆病害　在套袋果实上，有时会看到葡萄青霉病和葡萄灰霉病混合烂果，一般是葡萄灰霉病发生早，随后葡萄青霉病二次感染，应与葡萄灰霉病单独感染相区别。

葡萄黑腐病 ·······················

田间症状　该病主要为害果实和叶片，也可为害穗轴、果梗和新梢等部位，其中果实受害最重。

果实：发病初期果面上产生紫褐色小斑点，随后逐渐扩展至整个果粒，病部渐变为黑色，凹陷，发病果粒软腐，后期表皮皱缩（图28），并逐渐干缩成黑色僵果（图29），挂在枝条上不易脱落，干缩的僵果表皮上布满黑色小点，即病原菌的分生孢子器或子囊壳。

图28　果实腐烂皱缩　　　　　　　　　　图29　僵果

　　叶片：发病初期叶片上产生红褐色小斑点，逐渐扩大成近圆形病斑，病斑中央灰白色，外缘褐色，边缘黑褐色（图30），直径可达2～10毫米，后期病斑上生出许多不密集、呈环状排列的小黑点，即病原菌的分生孢子器（图31）。

图30　叶片上的病斑

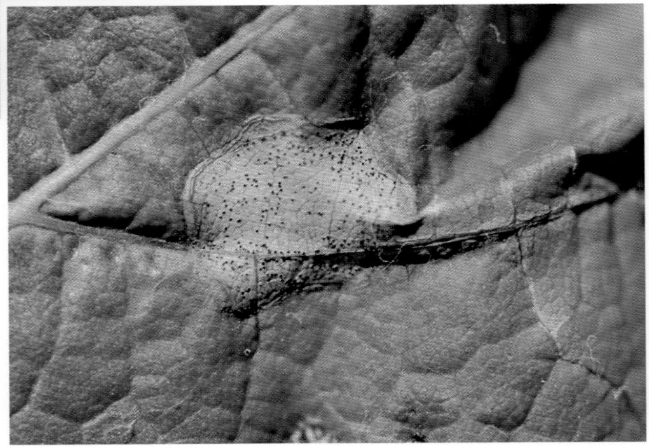

图31　病斑上的小黑点
　　　（分生孢子器）

　　穗轴和果梗：初期病斑灰白色，较小，后期变为黑色，稍凹陷，最终病斑可蔓延至果粒，病穗轴和果梗干枯死亡，残留在结果母枝上。
　　新梢：形成褐色椭圆形病斑，中央凹陷，其上生有黑色颗粒状小突起（图32）。

图32 新梢上中央凹陷的褐色病斑

发生特点

病害类型	真菌性病害
病原	葡萄黑腐病病原的有性型为葡萄球座菌[*Guignardia bidwellii* (Ellis) Vialaet Ravaz]，属子囊菌门球座菌属，其无性型为蛇葡萄黑叶点霉[*Phyllosticta ampelicide* (Engleman) Vander Aa]
越冬场所	主要以子囊壳在僵果上越冬，也可以分生孢子器在病组织内越冬
传播途径	风雨传播
发病原因	高温、多雨、潮湿是该病害流行的主要条件。管理粗放葡萄园易发病。不同葡萄品种对黑腐病的抗性有明显差异，欧洲种葡萄较感病，美洲种葡萄较抗病

1.病穗 2.在土壤和枝蔓上越冬的带有子囊壳的僵果
3.带子囊壳的僵果果皮横切面 4.含有子囊孢子的子囊壳
5.子囊 6.子囊孢子 7.枝条和叶片上的病斑
8.病斑上的黑色子实体 9.分生孢子器 10.分生孢子

防治适期 在开花前、开花后和果实生长期。

防治措施

（1）**清除越冬菌源** 秋后结合修剪，将田间的病果、病叶和病枝等病残体全部清除，并集中深埋或烧毁。对于冬季不埋土的地区，藤架上的病枝、病果以及地面上的病果均是春季病原菌的主要来源，必须彻底清除，这对于减少病害的发生非常有效。春季翻耕，可以提高土壤温度，还可以把地面上的病果及其他病残体埋入地下，减少其侵染的机会。

（2）**加强栽培管理** 在控制好果园产量的同时，应增施有机肥，多施磷钾肥，少施速效性氮肥，防止徒长，以增强树势；在葡萄生长季节及时修剪，防止郁闭，改善葡萄园的通风透光条件；雨季及时排水，降低地面湿度，可减少病害的发生；夏剪时，及时摘除病残组织与果实，剪除病梢，减少田间病原菌的数量，可减少病害的再侵染，从而降低病害的发生程度。

（3）**化学防治** 萌芽前喷施3～5波美度石硫合剂或45%石硫合剂晶体21～30倍液。在开花前、开花后和果实生长期3个关键时期及时喷药预防，可喷200倍波尔多液、70%甲基硫菌灵可湿性粉剂1 000倍液、50%福美双可湿性粉剂600～800倍液、50%硫菌灵可湿性粉剂500倍液及50%多菌灵可湿性粉剂1 000倍液，每隔10～15天喷1次，共喷4～5次，葡萄采收前半个月停止喷药。

葡萄穗轴褐枯病 ·······································

田间症状 该病主要为害没有完全木质化的幼嫩穗轴，包括主穗轴、分枝穗轴以及幼嫩的花穗和果穗；也为害花蕾和幼果。

穗轴：发病初期，在幼穗的果梗或穗轴上出现淡褐色水渍状斑点（图33），随后迅速沿主穗轴或分穗轴扩展，使整个或部分穗轴或分枝穗轴失水变褐坏死（图34），主穗轴和穗尖、花梗上均可发病，发病后期病斑上有时有褐色霉层，即病菌的分生孢子梗和分生孢子。当病斑环绕穗轴或小果梗一周时，其上面的花蕾或幼果也将萎缩、干枯脱落。

花蕾：初期病部呈水渍状浅褐色小斑点；后纵向扩展，引起花蕾脱落。

幼果：病斑呈圆形深褐色，直径2～3厘米，一般病斑仅存在于果实的表皮，不深入果肉组织中，随着病果粒膨大，病部逐渐结痂脱落。

图33　幼穗的穗轴上出现淡褐色水渍状斑点

图34　整个穗轴坏死

发生特点

病害类型	真菌性病害
病 原	葡萄链格孢霉[*Alternata alternata* (Fr.) Keissler]，属半知菌亚门链格孢属
越冬场所	病菌以分生孢子和菌丝体在葡萄枝蔓表皮或幼芽鳞片内越冬
传播途径	主要以分生孢子借风雨传播
发病原因	花期至幼果期气温忽高忽低及雨水偏多，造成低温多湿条件易引起病害发生与流行；果园通风透光差、种植巨峰等高感品种等均易引起发病

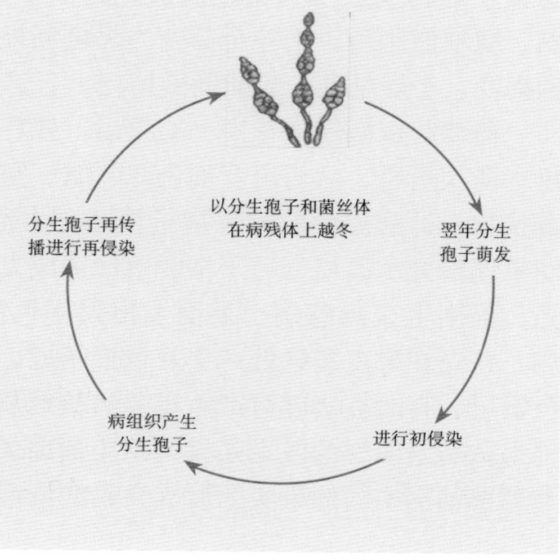

以分生孢子和菌丝体
在病残体上越冬

分生孢子再传
播进行再侵染

翌年分生
孢子萌发

病组织产生
分生孢子

进行初侵染

防治适期 花期和小幼果期是该病害的高发时期，应重点防治。

防治措施

（1）**加强果园卫生** 及时清理病果、病蔓、病叶，集中烧毁或深埋处理。

（2）**加强栽培管理** 及时绑蔓、打杈、摘心，保持园内通风透光；中后期适当控制氮肥，增施有机肥和磷钾肥，提高树体抗病能力；建造防风林，防止叶、果穗相互摩擦受伤，减少病原菌的侵染路径。

（3）**药剂防治**

①葡萄芽萌动后防治。选用1：1：100波尔多液、3～5波美度的石硫合剂或45%晶体石硫合剂30倍液喷雾，压低越冬菌源量。

②开花前或开花后防治。喷10%多抗霉素可湿性粉剂800～1 000倍液或3%多抗霉素水剂600～800倍液、10%苯醚甲环唑水分散粒剂1 500～2 000倍液、50%异菌脲可湿性粉剂1 000～1 500倍液等药剂。

易混淆病害

葡萄穗轴褐枯病、葡萄房枯病和葡萄灰霉病3种病害均为害穗轴，容易混淆，但其主要为害部位不同。葡萄穗轴褐枯病主要发生在葡萄幼穗的穗轴上，葡萄房枯病可为害果梗、穗轴、叶片和果粒，葡萄灰霉病主要为害花序、果穗。

葡萄房枯病在发病初期，小果梗基部出现淡褐色、边缘具褐色晕圈的病斑，病斑逐渐扩大，色泽变褐，当病斑绕梗一周时，小果梗干枯缢缩。穗轴发病初期表现为褐色病斑，逐渐扩大变黑色而干缩，其上长有小黑点。穗轴僵化后，果粒全部变为黑色僵果，挂在蔓上不易脱落。果梗、穗轴褐变、干燥枯死，长时间残留树上，这是葡萄房枯病的主要特征。

葡萄灰霉病侵染花序、幼果后，先在花梗和小果梗或穗轴上产生淡褐色水渍状病斑，后病斑变褐色并软腐。空气潮湿时，病斑上可产生鼠灰色霉状物，即病原菌的分生孢子梗与分生孢子。空气干燥时，感病的花序、幼果逐渐失水萎缩，后干枯脱落，造成大量的落花落果，严重时可整穗落光。果实上浆后感病，果面上出现褐色凹陷病斑，扩展后，整个果实腐烂，并先在果皮裂缝处产生灰色孢子堆，后蔓延到整个果实，最后长出灰色霉层，有时在病部可产生黑色菌核或灰色菌丝块。葡萄灰霉病和葡萄穗轴褐枯病最明显的区别是果实感染葡萄灰霉病后形成褐色凹陷病斑，感染葡萄穗轴褐枯病的果实上形成突起的疮痂。

葡萄酸腐病 ·····································

田间症状 发病初期在病果粒表面出现水渍状褐色斑点，扩大后致果粒软腐（图35），病部流出大量汁液，有醋酸味，果粒腐烂后，腐烂的汁液流出（图36），会造成汁液流过的地方（果实、果梗、穗轴等）变色腐烂，最后葡萄整串腐烂或仅剩下种子和果皮，并滋生大量果蝇（图37），有时产生大量黑霉。

图35 果粒软腐

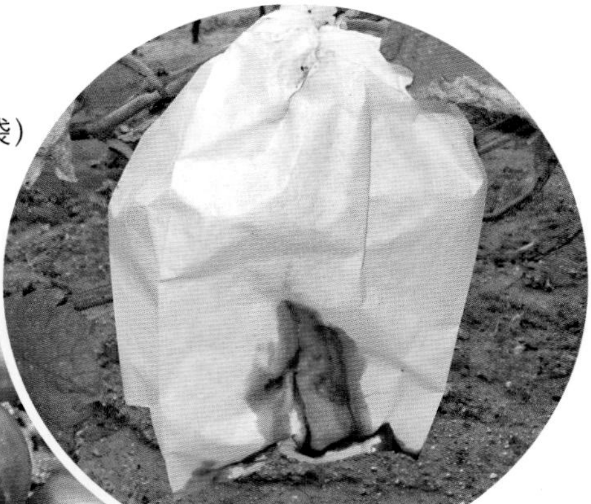

图36 果粒腐烂造成汁液流出（俗称尿袋）

图37 腐烂的果粒上滋生大量果蝇（幼虫）

发生特点

病害类型	复合侵染性病害
病原	该病是一种二次侵染造成的病害，即先由各种原因造成果面伤口（冰雹、裂果、鸟害等），然后由果蝇取食、产卵，并把醋酸菌、酵母菌等带到伤口周围，联合形成果粒腐烂
越冬场所	以分生孢子器或子囊壳在病果、病穗轴或病叶等病残体上越冬，产生子囊世代的地区子囊壳也是主要越冬器官
传播途径	风雨或昆虫传播
发病原因	早、中、晚熟品种混合种植，赤霉素使用浓度不合理，果园管理差，天气异常造成裂果或严重影响树势，均易引起该病害发生和流行

防治适期 以预防为主，在发病初期及时施用化学药剂防治，结合白粉病、炭疽病一同防治。

防治措施

（1）**加强栽培管理** 在葡萄酸腐病发病严重的地区，一般不提倡在同一果园种植不同成熟期的品种，提倡采用避雨栽培；培养健壮树体，合理负载，合理密植并及时修剪，不偏施氮肥，增强果园通透性，降低果园湿度；及时摘除病果、病果穗，并带出园外集中处理，切忌园内随意丢弃；及时疏花疏果，保持果穗疏松，防止出现裂果、伤口；有条件的果园设置防鸟网、防雹网。

（2）**实行果实套袋管理** 套袋可以减少果实伤口，也可避免雨水冲刷，减少病菌的传播。

（3）**科学使用生长调节剂** 正确掌握生长调节剂的使用时期和用量。

（4）**药剂防治** 要坚持"防病为主，病虫兼治"的原则，做好葡萄炭疽病、白腐病、灰霉病、白粉病等其他病害的防治。由于葡萄酸腐病是葡萄生长后期的病害，因此必须选择能保证食品安全的药剂。目前将波尔多液与杀虫剂配合使用是防治葡萄酸腐病效果较好的化学防治方法。转色期前后使用 1～3 次 80% 波尔多液可湿性粉剂，每 10～15 天 1 次，使用量为 400～600 克/公顷。可以使用的杀灭果蝇的药剂有 10% 联苯菊酯乳油 1 000～1 500 倍液、10% 高效氯氰菊酯乳油 1 000～1 500 倍液等。

葡萄霜霉病 ···

葡萄霜霉病是葡萄上为害最重的病害之一，在我国大多数葡萄产区均有发生。

葡萄霜霉病

田间症状　该病为害叶片、新梢、花穗和果实等组织。

叶片：初期在叶片正面产生淡黄色油渍状病斑，病斑边缘不清晰（图38），后扩展成黄色至黄褐色多角形病斑（图39）。田间湿度大时，在叶片背面产生白色霉层（图40），即病菌的孢囊梗和孢子囊，最后导致叶片变褐干枯（图41），直至脱落（图42）。

图38　叶片正面产生淡黄色油渍状病斑

图39　叶片正面产生黄色多角形病斑

图40 叶片背面产生白色霉层

图41 叶片变褐干枯

图42　叶片大面积脱落

新梢、卷须：初呈半透明水渍状病斑，随后病斑变为黄色或褐色，表面也生白色霉层，病梢生长停滞，扭曲或干枯。

小花及花梗：初现油渍状小斑点，后由淡绿色变为黄褐色，病部有白色霉层，病花穗呈深褐色，腐烂脱落。

果穗：小穗轴坏死，果面呈淡绿色至淡黄色（图43），有时病部长出白色霉层（图44），大果粒果皮呈浅蓝色（图45），果肉变硬，穗轴因病变色、肿胀、弯曲。

图43　果面呈淡黄色

图44　果面上产生白色霉层

图45　大果粒果皮呈浅蓝色

发生特点

病害类型	真菌性病害
病原	病原为葡萄生单轴霉菌[*Plasmopara viticola* (Berk.dt Curtis) Berl.Et de Toni.]，属鞭毛菌亚门霜霉目单轴霉属，该菌为专性寄生菌，只为害葡萄
越冬场所	病菌以卵孢子在病组织中或随病残体在土壤中越冬
传播途径	游动孢子借雨水冲溅及风携带传播，孢子囊成熟脱落后借风雨传播
发病原因	田间菌源量大又遇多雨、多雾、田间湿度大、果园积水、无避雨措施等条件，易发病；品种抗病性也影响病害的发生与流行，摩尔多瓦抗病，红地球高感病

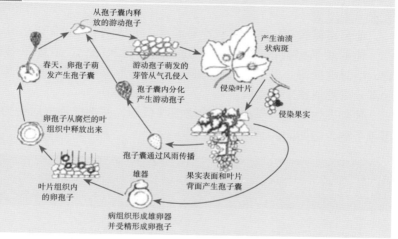

防治适期 花期前后或生长中后期的多雨高湿季节。

防治措施

（1）**清园** 彻底清除病枝、病叶、病果，集中烧毁，减少田间菌源量。

（2）**选用抗病品种** 如摩尔多瓦高抗，巨峰系品种较抗病，而红地球、美人指、金手指等品种易感病，应选择抗性强的品种种植。

（3）**加强栽培管理** 雨季做好果园排水工作，避免果园积水，提倡采用滴灌技术，避免大水漫灌。6月以后做好副梢处理，改善果园通风透光条件。7～8月适当控制尿素、人粪尿等速效氮肥用量，增施磷钾肥和腐熟有机肥。

（4）**推广避雨栽培等设施栽培** 有条件时采用避雨栽培或大棚、日光温室等设施栽培。

（5）**药剂防治**　在预测预报基础上，做好病害预防。一般在花前、花后、幼果期及中后期雨季来临前预防，可选用的药剂包括 1∶0.7∶200 波尔多液、80% 波尔多液可湿性粉剂 300～400 倍液、70% 丙森锌可湿性粉剂 600～700 倍液、80% 代森锰锌可湿性粉剂 800 倍液等，并与 50% 烯酰吗啉可湿性粉剂 1 500～2 000 倍液、72% 霜脲氰可湿性粉剂 600 倍液、25% 吡唑醚菌酯乳油 1 500～2 000 倍液、25% 嘧菌酯悬浮剂 1 000～2 000 倍液、50% 醚菌酯水分散粒剂 1 000～2 000 倍液等交替或混合使用。也可直接喷 52.5% 噁酮·霜脲氰水分散粒剂 2 000 倍液、72% 霜脲·锰锌可湿粉剂 600 倍液、69% 烯酰吗啉·锰锌可湿性粉剂 600 倍液等混剂。

易混淆病害

葡萄霜霉病与日灼的症状容易混淆，可从以下几点加以区分：

葡萄幼果感染霜霉病，病斑近圆形，呈灰绿色，表面生有白色霉状物，后皱缩脱落；果粒长大后感病，一般不形成霉状物。穗轴感病，会引起部分果穗或整个果穗脱落。

葡萄发生日灼，果面会形成水渍状烫伤，初期白色，后变为淡褐色至黑色干疤，微凹陷。

葡萄白粉病 ······

葡萄白粉病在雨水较多的地区发病较轻，干旱地区发生普遍。

田间症状　该病主要为害葡萄叶片、新梢、果穗等地上部绿色幼嫩组织。

葡萄白粉病

叶片：发病初期在叶片正面或背面产生白色或黄色褪绿斑点（图46），之后在病斑上产生灰白色粉状霉层（图47），即病菌的菌丝体和分生孢子。严重时全叶密布白粉（图48），叶片卷缩或枯焦。有时病部上长出小黑点，为病菌的闭囊壳，较少见。

果梗和新梢：发病初期病部黄化，随后病部表面长出白色粉层（图49），后期颜色变褐，形成雪花状或不规则的褐色花纹或花斑（图50），穗轴、果梗变脆。

果实：发病初期果面出现黑色星芒状花纹（图51），上覆一层白粉，即病菌的菌丝体、分生孢子梗及分生孢子，后期果面呈网纹状，果面色泽发污，极易裂果。

图46　叶片正面产生黄色褪绿斑点

图47　叶片病斑上产生灰白色粉状霉层

图48　全叶密布白粉

图49　果梗病部长出白色粉层

图50　新梢上的褐色花纹或花斑

图51　果面上的黑色星芒状花纹

发生特点

病害类型	真菌性病害
病原	无性世代为托氏葡萄粉孢霉（*Oidium tuckeri*），属半知菌亚门粉孢属；有性世代为葡萄钩丝壳菌（*Uncinula necator*），属子囊菌亚门钩丝壳属
越冬场所	病菌主要以菌丝体在被害组织或芽鳞片间越冬
传播途径	分生孢子借气流传播
发病原因	天气闷热、持续干旱以及叶幕层厚、光照不足时易发病；不同葡萄品种感病性不同，醉金香、金手指、红地球等品种感病，而巨峰、早玫瑰、无核白、无核红、白比诺、黑比诺、贝达等抗病

以菌丝体在病残体上越冬　翌年产生分生孢子

分生孢子借气流传播，进行初侵染

病组织产生分生孢子

分生孢子再传播进行再侵染

防治适期　葡萄展叶后及发病前或发病初期。

防治措施

（1）**清除病源**　及时清除病蔓、病叶和病穗，下架前彻底清扫落叶、落果，带到园外并集中销毁。

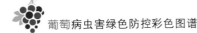

（2）**加强栽培管理**　及时摘心、绑蔓、除副梢，改善通风透光条件；生长中后期控制氮肥用量。

（3）**喷药防治**　在葡萄芽膨大期喷 3 ～ 5 波美度石硫合剂，彻底消灭越冬病原。展叶后一般每隔 10 天左右喷药 1 次，可选用 25% 乙嘧酚悬浮剂 800 ～ 1 000 倍液、0.2 ～ 0.3 波美度硫合剂、10% 苯醚甲环唑水分散粒剂 1 000 ～ 1 500 倍液、12.5% 烯唑醇可湿性粉剂 2 000 ～ 3 000 倍液、40% 氟硅唑乳油 6 000 ～ 8 000 倍液。后期病害严重时也可改用 25% 丙环唑乳油 2 000 ～ 3 000 倍液防治。

（4）**熏烟防治**　在大棚或日光温室等设施内，按照每 667 米^2 用百菌清或乙嘧酚烟雾剂 200 克点燃防治，一般于发病前或发病初期每 7 ～ 15 天防治 1 次，发病盛期每 7 ～ 10 天 1 次。

葡萄褐斑病

葡萄褐斑病

在我国，长期以来按照病斑直径的大小把葡萄褐斑病分为葡萄大褐斑病和葡萄小褐斑病两种。

田间症状

葡萄大褐斑病：发病初期，在叶片上呈现淡褐色、近圆形、多角形或不规则的斑点，病斑逐渐扩展，扩展后病斑直径可达 3 ～ 10 毫米，颜色由淡褐色变为褐色，病健交界明显，有时病斑外围具黄绿色晕圈（图52左）。叶背面病斑周缘模糊，淡褐色，症状因品种不同而异。在感病品种上，

图52　叶片上产生褐色斑点（左：葡萄大褐斑病　右：葡萄小褐斑病）

病斑中部具黑褐色同心环纹，空气潮湿时在叶片正、反面的病斑处生灰褐色至黑褐色霉状物（图53左），似小颗粒状，即病原菌的分生孢子梗和分生孢子。发病严重时，数个病斑可连在一起，融合成不规则大病斑（图54左），后期病组织开裂、破碎，导致叶片部分或全部变黄，提前枯死脱落。

葡萄小褐斑病：发病初期，在叶片上出现黄绿色小圆斑点并逐渐扩展为2～3毫米的圆形病斑（图52右）。病斑多角形或不规则形，大小一致，边缘深褐色，中央颜色稍浅，病斑部逐渐枯死变褐进而变为茶褐色，后期叶背面的病斑处产生灰黑色霉层（图53右）。发病严重时，许多小病斑融合成不规则大斑（图54右），叶片焦枯，呈火烧状。

有时大褐斑病、小褐斑病同时发生在一片叶上，加速病叶枯黄脱落。

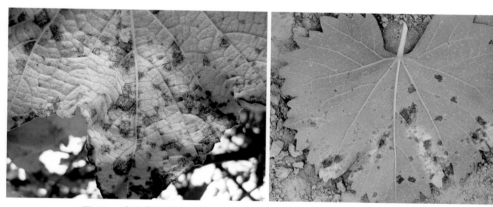

图53　叶片背面病部霉层（左：葡萄大褐斑病　右：葡萄小褐斑病）

图54　病斑融合成不规则大斑（左：葡萄大褐斑病　右：葡萄小褐斑病）

发生特点

病害类型	真菌性病害
病原	大褐斑病病原为葡萄假尾孢[*Pseudocercospora vitis*（Lév.）Saw.]，属半知菌亚门假尾孢属，小褐斑病病原为座束梗尾孢[*Cercospora roesleri*（Catt.）Sacc.]，属子囊菌无性型尾孢属
越冬场所	病菌主要以菌丝体或分生孢子在病残体上越冬
传播途径	分生孢子借风雨传播
发病原因	雨水偏多、湿度大、易积水、通风不良、树势偏弱的果园易发病，尤其是树势偏弱是造成该病发生的主要原因。一般美洲种葡萄易感染大褐斑病，欧洲种感病稍轻，而欧亚种葡萄易发小褐斑病

以菌丝体和分生孢子在病残体上越冬

翌年产生分生孢子借风雨传播

分生孢子萌发，进行初侵染

病组织产生分生孢子

分生孢子再传播，进行再侵染

防治适期 生长中后期，病害发生初期或园内初见病斑时需要及时进行药剂防治。

防治措施

（1）**清园** 秋后及时清扫落叶，生长期及时摘除下部衰老发黄的老叶、病叶。

（2）**加强栽培管理** 雨季及时排水，避免果园积水；适当增施有机肥，控制速效氮肥，提倡种植绿肥，增强树势，提高植株抗病力；及时绑蔓、摘心、除副梢，改善果园通风透光条件，降低果园空气湿度。

（3）**药剂防治** 早春芽膨大期防治。可喷3～5波美度石硫合剂。病害发生初期或园内初见病斑时需要及时进行药剂防治，每10天左右喷1次药剂，连喷3～4次，可选用1：（0.5～0.7）：200波尔多液、78%波·锰锌可湿性粉剂（科博）500～600倍液、80%代森锰锌可湿性粉剂800倍液、430克/升戊唑醇悬浮剂4 000倍液、10%苯醚甲环唑水分散粒剂1 500倍液或80%多菌灵可湿性粉剂800～1 000倍液等。

　　由于病害一般从植株下部叶片开始发生，因此在喷药时，前两次喷药应重点喷植株中下部叶片，并使叶片正反面均匀着药。若在药剂中加入有机硅类助剂可显著提高防治效果。

葡萄锈病

田间症状　该病主要为害中下部叶片，葡萄生长中后期发生较多。发病初期在叶面出现单个小黄点，随后在叶片背面长出橘黄色夏孢子堆（图55），后逐渐扩大，沿叶脉处较多，夏孢子堆成熟后破裂，散发出大量橙黄色粉末状夏孢子，严重时病斑布满整个叶片，导致叶片干枯和早落。秋末病斑呈多角形、灰黑色，其上着生冬孢子堆，表皮一般不破裂。

图55　叶片背面的橘黄色夏孢子堆

发生特点

病害类型	真菌性病害
病 原	葡萄层锈菌（*Phakopsora ampelopsidis* Diet. et Syd.），属担子菌亚门冬孢菌纲锈菌目层锈菌属
越冬场所	在寒冷地区病菌以冬孢子越冬
传播途径	夏孢子通过气流传播
发病原因	雨季或夜间多露高温易引起发病。管理粗放，植株长势差易发病。山地葡萄较平地发病重。品种间存在明显的抗病差异性。一般欧亚种较抗病，而欧美杂交种感病，如玫瑰香、红富士抗病，阳光玫瑰、康拜尔等易感病

防治适期 生长中后期遇多雾、多露、高温天气应注意及时进行防治。

防治措施

（1）**选用抗病品种** 一般情况下，欧洲种抗病性较强，欧美杂交种抗性较差，应选用抗性较强的品种。

（2）**清除落叶** 晚秋彻底清除落叶，集中烧毁或深埋。

（3）**加强葡萄园管理** 增施有机肥，防止缺水缺肥，及时排水，降低湿度，改善通风透光条件。

（4）**药剂防治**

①萌芽前结合其他病害防治。喷3～5波美度石硫合剂或45%晶体石硫合剂30倍液。

②发病初期防治。喷16%氟硅唑水剂3 000～4 000倍液、0.2～0.3波美度石硫合剂或45%晶体石硫合剂300倍液、12.5%烯唑醇可湿性粉剂3 000～4 000倍液、25%丙环唑乳油3 000倍液进行防治。一般每10～15天喷1次，防治1～2次。

温 馨 提 示

葡萄锈病病菌是从叶背面的气孔侵染为害的，所以喷药时应将药剂充分喷到叶片背面，保证防治效果。

易混淆病害　葡萄锈病易与葡萄果锈混淆，可从以下几点加以区分：

葡萄锈病主要为害叶片，在叶片上产生单个褪绿小黄点，严重时布满整个叶面；而葡萄果锈主要发生在葡萄果实上，在果皮表面形成条状或不规则锈斑，导致表皮细胞木栓化，造成锈果。

葡萄房枯病

田间症状　葡萄房枯病又叫葡萄轴枯病、烂弦病、穗枯病、粒枯病，主要为害果实、果梗，严重时也能为害叶片。

果梗：发病初先在果梗产生淡褐色、椭圆形病斑，逐渐扩大后蔓延到果粒上，使果梗萎缩干枯（图56）。

果实：果粒发病，首先以果粒为中心，形成淡褐色同心轮纹状病斑，由果蒂部分失水而皱缩（图57），后扩展到整个果面变褐软腐，病斑表面产生稀疏而较大的黑色小粒点，即为分生孢子器。浆果最后干缩成灰褐色的僵果（图58），挂在树上长期不落。

叶片：最初产生褐色圆形小斑点，后期病斑中央散生小黑点。

图56　果梗萎缩干枯

图57　果粒皱缩

图58　僵　果

发生特点

病害类型	真菌性病害
病原	无性世代为葡萄房枯大茎点霉[*Macrophoma faocida* (Viala et Ravaz) Cav.]，属半知菌亚门大茎点菌属；有性世代为葡萄囊孢壳菌（*Physalospora baccae* Cavala），属子囊菌亚门，很少发生
越冬场所	以分生孢子器或子囊壳在病果、病穗轴或病叶等病残体上越冬，产生子囊世代地区子囊壳也是主要越冬器官
传播途径	风雨或昆虫传播
发病原因	一般欧亚种最易感病；在果实着色前后，高温多雨的天气最有利于该病害的发生

分生孢子器或子囊壳在病果、病穗轴或病叶等病残体上越冬

植株感病

释放出子囊孢子或分生孢子

通过风雨或昆虫传播

防治适期　以预防为主，在发病初期及时施用化学药剂防治，结合葡萄白粉病、葡萄炭疽病一同防治。

防治措施

（1）**加强栽培管理**　增施有机肥，多施磷钾肥，增强植株抗病力，生长季节注意雨后排水。

（2）**清除田间菌源**　生长季节发现病穗及时摘除并集中深埋，减少再次侵染；冬季修剪后要彻底清扫田园，并将病残体集中烧毁，以消灭越冬菌源，减少第二年的侵染源。

（3）**化学防治**

①幼果期和果实膨大期的防治。结合叶面追肥，每隔7天喷施2次75%百菌清可湿性粉剂100倍液、77%氢氧化铜可湿性粉剂800倍液或50%多菌灵可湿性粉剂500倍液，轮换施用。幼果期不宜使用波尔多液，以免果实出现果锈。

②病中期的防治。结合叶面追肥喷施58%瑞毒霉·锰锌400倍液，每隔5天喷施1次，连续喷施2次即可。发病严重区2次用药间隔时间为15～20天，发病轻的地区可适当延长。

温 馨 提 示

全年防治用药提倡选用2种以上，药剂交替使用。

葡萄蔓枯病 ·····

田间症状　该病主要为害二年生以上茎蔓的茎基部，也为害新梢、叶片和果实（图59至图61）。

葡萄蔓枯病

茎蔓：初期茎蔓病部出现略凹陷的暗紫褐色病斑，后扩大为黑褐色大斑（图59），病部组织腐烂；后期病蔓表皮呈丝状纵裂，易折断，横切病部木质部，可见腐朽状暗紫色病变组织。主蔓受害，病部以上枝蔓长势衰弱，叶色发黄，叶缘卷曲，叶脉、叶柄及卷须生黑色条斑，新梢枯萎或萎蔫死亡，最后病部表面产生很多黑色小粒点，即病菌的子实体。

幼果：发病果实上产生灰黑色病斑，后期生密集黑色小粒点。

图59 茎蔓上的黑褐色病斑

图60 新梢上的病斑

图61 叶片边缘下垂

发生特点

病害类型	真菌性病害
病　原	无性世代为葡萄拟茎点霉（*Phomopsis viticola* Sacc.）属半知菌亚门真菌；有性世代为葡萄生小隐孢壳 [*Cryptosporella viticola* (Red.) Shear]，属子囊菌亚门球壳目
越冬场所	病菌主要以分生孢子器、菌丝体在树皮内越冬
传播途径	分生孢子借风雨和昆虫传播，经伤口、皮孔或气孔侵入
发病原因	病菌侵入时需要较高的湿度条件，在具水滴或雾露条件下，分生孢子经 4～8 小时即可萌发。多雨、多雾、多露或湿度大、地势低洼、土壤黏重、排水不良、果园易积水的地区易发病；树势衰弱、冻害重的葡萄园发病重

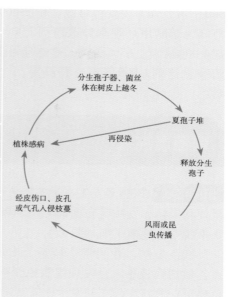

防治适期 春末夏初，病害初侵染期为药剂防治的关键时期。

防治措施

（1）**处理病斑** 经常检查枝蔓基部，发现病斑及时刮治，重者剪掉或锯除；轻者刮至无变色的健康组织，刮后涂 5 波美度石硫合剂、45% 晶体石硫合剂 30 倍液、45% 代森铵水剂 50 倍液或增稠型菌立灭膏剂消毒伤口。

（2）**加强栽培管理** 疏松改良土壤，及时排水；埋土防寒，树干涂白、覆膜防冻；结合修剪及时培养新蔓，更新老蔓，增施有机肥；保持枝蔓旺盛生长，提高抗病能力。

（3）**药剂防治**

①发芽前防治。喷 45% 代森铵水剂 400 倍液、5 波美度石硫合剂、50% 氯溴异氰尿酸可湿性粉剂 750 倍液或 430 克/升戊唑醇悬浮剂 2 000～3 000 倍液，以铲除越冬菌源。

②生长期防治。一般于 5～6 月病害侵染期喷药预防，重点喷枝干基部。可选用：1∶0.7∶200 波尔多液、77% 氢氧化铜可湿性粉剂 500

倍液、53.8%氢氧化铜水分散粒剂1 000倍液、80%代森锰锌可湿性粉剂800倍液、70%丙森锌可湿性粉剂600倍液、14%络氨铜水剂300倍液，并与10%苯醚甲环唑水分散粒剂2 000～2 500倍液、430克/升戊唑醇悬浮剂4 000倍液、65%腈·氟硅唑可湿性粉剂1 000倍液、42.8%氟菌·肟菌酯悬浮剂1 500倍液交替喷雾。一般每10～15天喷1次药，连喷3～4次。

葡萄溃疡病

田间症状 该病多发生在果实转色期至成熟期，为害已经木质化的穗轴、果梗和果柄，发病时在穗轴上出现黑褐色溃疡斑，引起果粒脱落，有时果实不脱落，逐渐干缩（图62）。

枝条发病，在当年生枝条上出现褐色梭形病斑，病斑上有许多小黑点，横切病枝条，会发现维管束变褐（图63），个别病部出现红褐色或褐色病斑，尤其在分支处发生比较普遍，有时病部显著膨大（图64）。

图63　枝条维管束变褐

图62　果实干缩

图64　病蔓膨大

发生特点

病害类型	真菌性病害
病原	该病主要由葡萄座腔菌属(*Botryosphaeria* sp.)真菌引起，其中贝氏葡萄座腔菌（*B. dothidea*）和可可毛色二孢（*Lasiodiplodia theobromae*）是优势种群
越冬场所	病菌以菌丝体、分生孢子器、子囊壳在病残体上越冬
传播途径	风雨传播
发病原因	高温多雨

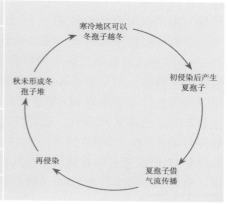

防治适期　雨季前后病原菌子囊孢子释放高峰期。

防治措施

（1）**加强管理**　多施有机肥，使土壤有机质含量达到2%以上。提倡避雨栽培，大棚或日光温室等设施栽培。

（2）**选用抗病品种**　选用美人指、藤稔、巨峰、玫瑰香等抗性较强的品种。

（3）**预防为主，综合防治**　前期预防工作要做到位，开花前、果实生长期、封穗套袋前及转色成熟期是关键防治时期，若发病时再用药，治疗难度大、成本高，而且有毁园的风险。有溃疡斑的枝条尽量剪除，然后用氟硅唑处理剪口或发病部位。若果穗发病，应在解袋后剪除烂果及发病部位，用抑霉唑处理伤口，药液干后换新袋。

（4）**生物防治**

①喷施壳寡糖。向葡萄植株喷施浓度为1～10克/升的壳寡糖水溶液。

②喷施生防木霉菌剂。往灭菌后的甘蔗糖蜜酒精中加入0.5～10克/升的胶体壳聚糖，再加入木霉菌粉剂，制得105～108个菌落/毫升的菌剂悬浮液；将调配好的菌剂悬浮液喷施于葡萄枝干上，至枝干表面形成褐色液膜层即可。

（5）**化学防治**

①剪除患病枝条。有溃疡斑的枝条应尽量剪除，然后用40%氟硅唑乳油8 000倍液处理剪口或发病部位。

②刮治病斑。对枝干病斑进行刮治，使用50%福美双+有机硅均匀涂抹，涂抹范围要大出刮治范围2～3厘米，严重的间隔7天补抹1次；使用50%福美双可湿性粉剂30～60倍液+有机硅进行枝干喷雾或涂刷。

③对零星病株可用25%嘧菌酯悬浮液1 500倍液+40%苯醚甲环唑悬浮剂4 000倍液或用磷酸二氢钾稀释灌根，每棵树浇250～500克水。及时摘除病果、病穗，用全园喷雾组合套袋技术，重点喷果穗。除此之外，也可用24%甲硫己唑醇悬浮剂600倍液灌根，结合叶面喷施24%甲硫己唑醇悬浮剂20克+乙蒜素10毫升；套袋前用25%嘧菌酯悬浮剂2 000倍液+40%苯醚甲环唑4 000～5 000倍液，或24%甲硫己唑醇1 000倍液、25%丙环唑乳油4 000倍液进行喷雾防治。尤其是果穗部分，解袋后剪除烂果及发病部位，用50%抑霉唑乳油3 000倍液处理伤口，药液干后及时更换新袋。

易混淆病害

葡萄溃疡病与葡萄白腐病、葡萄房枯病、葡萄水罐子病的症状容易混淆，可从以下几点加以区分：

（1）葡萄溃疡病主要为害枝条和果实，一般不为害叶片，但葡萄白腐病对枝条、果实和叶片均可为害；葡萄溃疡病病果有土腥味，但葡萄白腐病病果无土腥味；葡萄溃疡病整树都有可能发病，但葡萄白腐病越靠近地面越容易发病。

（2）葡萄溃疡病与葡萄房枯病均在葡萄转色期以后发病，但葡萄溃疡病可导致葡萄果实脱落腐烂，而葡萄房枯病则引起果实失水萎蔫，但果粒不脱落。

（3）葡萄溃疡病与葡萄水罐子病均引起果粒脱落，但葡萄溃疡病是由病菌引起的，而葡萄水罐子病是一种生理性病害；葡萄溃疡病可以由杀菌剂来控制，而杀菌剂对葡萄水罐子病没有作用；葡萄溃疡病与气候条件关系密切，而葡萄水罐子病与水肥管理关系密切。

葡萄白纹羽病

田间症状 该病主要为害葡萄的根部、根茎部等地下部分。地下部发病时，先为害较细根，逐渐向侧根和主根上蔓延。发病时根表皮上长出水渍状褐色病斑，外表覆有白色、灰白色的羽状菌丝层（图65），在白色菌丝层中夹杂有线条状的菌索， 后呈灰色，有时可看到皮层内有油菜籽状的圆形黑色菌核。当土壤潮湿时，菌丝体可蔓延到地表，呈白色蛛网状。病根皮层极易剥落，如鞘状套于木质部外面。由于根系腐烂，极易把病株从土中拔出。感病植株有的很快死亡，有的一年内慢慢枯死，也有的要到第2年才枯死，在苗木上最常

图65　病根表面产生羽状白色菌丝层

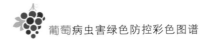

见的是发病后几周内即枯死。

地上部分发病时，发病初期病树长势较弱，但外观与健树无异。有时会使枝蔓产生气生根（图66）。待根系大部分受害后叶片和卷须生长衰弱、瘦小，之后会枯萎，甚至全株死亡（图67）。

图66　枝蔓上产生气生根

图67　地上部分枯萎

发生特点

病害类型	真菌性病害
病　原	褐座坚壳菌[*Rosellinia nacatrix* (Hartig) Berlese]，属子囊菌亚门真菌
越冬场所	病菌以菌丝体、根状菌索或菌核等随病根在土壤中越冬
传播途径	果园中病菌主要通过病健根接触、病残体及带菌土壤移动传播，远距离传播主要通过苗木调运
发病原因	5～7月温度高、湿度大、雨量多，有利于病害流行；产量过高、果园积水等造成树体衰弱、根系失去抗性，易发病

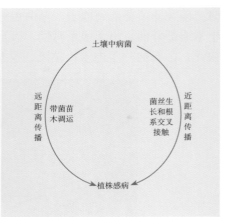

土壤中病菌

远距离传播　带菌苗木调运　菌丝生长和根系交叉接触　近距离传播

植株感病

防治适期　早春开始发病前。

防治措施

（1）**合理间作**　果园不要间作感病植物，如甘薯、马铃薯和大豆等，以防相互传染。

（2）**加强栽培管理** 做好果园排水工作，地下水位高的果园要挖好排水沟，防止果园积水；有条件时可种植绿肥，增施钾肥，优化土壤环境。

（3）**苗木、土壤消毒** 可用2%石灰水、70%甲基硫菌灵可湿性粉剂、50%多菌灵可湿性粉剂800～1 000倍液、0.5%硫酸铜、50%代森铵水剂1 000倍液等浸根10～15分钟，水洗后再进行栽植。

（4）**病树治疗** 发现病株应及时切除烂根，挖净病根集中烧毁，然后用1%硫酸铜液消毒，外涂伤口保护剂，病树处理后，扒出病根周围的土壤，并换上无病新土，再用50%代森铵水剂500倍液或70%甲基硫菌灵可湿性粉剂1 000倍液浇灌。随后在病株周围挖深1米以上的沟，防止病菌向邻近健株蔓延传播，并及时施肥，如尿素或腐熟人粪尿等，以促使新根发生、恢复树势。

葡萄根结线虫病

田间症状 地上部植株矮小、黄化、萎蔫，生长迟缓，萌芽、开花延迟，花穗短、花蕾少、果实小。地下部侧根和须根形成大量瘤状根结（图68），使根系生长不良、发育受阻；侧根、须根短小，输导组织受到破坏，吸水吸肥能力降低。

图68 根部产生根瘤

在沙壤土中，根结线虫为害非常严重，产量大幅度降低。根结线虫在土壤中呈现块状分布，在有线虫存在的地方葡萄植株长势弱，没有线虫或线虫数量极少的地块葡萄植株生长旺盛。因此，葡萄植株的长势在田间也呈块状分布，且这种分布极易被误认为由缺水、缺肥或缺素及其他因素所引起。

发生特点

病害类型	线虫性病害
病原	根结线虫是一类高度专化的内寄生植物病原线虫，目前已经发现的有90多种。其中南方根结线虫（*Meloidogyne incognita*）是常见的线虫种类之一，属线形动物门线虫纲垫刃目垫刃亚目异皮线虫科根结线虫属
越冬场所	线虫以雌虫、卵和二龄幼虫在葡萄及其他寄主的病残根和根际土壤中越冬
传播途径	果园内近距离传播依靠灌溉水，远距离传播主要依靠苗木调运携带
发病原因	苗木消毒不彻底，致土壤污染是发病的主要原因。5～20厘米深处平均地温低于10℃或超过36℃，线虫很少侵染，22～30℃最适合线虫侵染为害。田间土壤持水量为45%～60%时最适宜发病，高于60%发病轻

防治适期 葡萄根结线虫病很难根除，因此必须建立预防为主的观念。在新建果园时，需仔细调查地块中线虫种类分布及群体密度，如果地块已经被污染且侵染时间长，应避免种植葡萄，或种植抗病品种。

防治措施

（1）**严格检疫** 葡萄与其他作物轮作困难，一旦感染线虫病害则很难根除。因此，葡萄根结线虫病的防治应以预防为主，不从病区引种苗木，引种时应严格消毒，消毒时一般用50℃的热水浸泡10分钟，也可通过引种种条避免为害；不在病园中育苗，新园应种植无病苗。

（2）**合理建园** 选择园地时，前作避开番茄、黄瓜以及落叶果树等线虫良好寄主。

（3）**选择抗性品种或砧木** 选择如Dogridge、Ramsey、1613C等对葡萄根结线虫病抗性较强的品种。

（4）**搞好田间清园** 发现病株后，应及时拔除并集中烧毁，根区土壤挖出长、宽均为20厘米，深10～15厘米的坑，挖出的土拿出园外深埋，病株坑用石灰消毒。

（5）**混种间作** 秋季于"寒露"前后，在葡萄田块行间种植葱、蒜、茼蒿等，可明显减轻发病。

（6）**翻晒病田**　在高温季节，可把病区的土层浅翻10～15厘米，暴露在阳光下，杀死土壤表层部分线虫和卵，减轻危害。

（7）**药剂防治**

①种植前进行土壤熏蒸，常用的药剂有二溴甲烷、1,3-D等。

②受害病株在生长季节二龄幼虫开始活动时，用10%灭线磷颗粒剂500～700倍液灌根，株灌250～500克，灌淋根区面积应在20厘米^{2}以上；也可用10%益舒宝颗粒剂，株施5～10克，先扒开表层土8～12厘米，后均匀撒药，再覆土；或用灭线磷、克线磷、硫线磷等杀线虫药，也能起到控制进一步蔓延的效果，每公顷施药量45～90千克，先与3～5倍细土混匀，再在树根集中分布区开沟施入，覆土后浇少量水。

葡萄根癌病 ···

田间症状　葡萄根癌病是系统侵染性病害，不但在靠近土壤的根部（根颈部）、靠近地面的枝蔓出现症状，还能在枝蔓和主根的任何部位出现症状，但是主要在根颈部或两年生以上的枝蔓及嫁接苗的接口处（图69、图70）。发病初期病部产生内部柔软的似愈伤组织的浅绿色瘤状物，随后病瘤不断扩大，外皮粗糙不平，颜色加深呈褐色或黑褐色，内部组织呈白色、木质化，为球形、扁球形或不定形，雨季病瘤吸水后逐渐松软，变褐并腐烂发臭。感病植株地上部生长衰弱、叶片黄化，严重时死亡。

图69　根颈部症状

图70　枝蔓症状

发生特点

病害类型	细菌性病害
病 原	根癌土壤杆菌[*Agrobacterium tumefaciens* (E. F. Smith &Townsend) Conn.]，属土壤野杆菌属细菌。病菌有3个生物型，Ⅰ型和Ⅱ型主要侵染蔷薇科植物，Ⅲ型寄主范围窄，只为害葡萄和悬钩子等植物
越冬场所	病菌主要在病部皮层内或混入土壤中越冬，在土壤中能存活2年以上
传播途径	借助雨水、灌溉水及地下害虫如蝼蛄、土壤线虫等传播
发病原因	嫁接、修剪、机械碰伤、虫咬伤及冻害严重时易引起该病害发生；砧木对发病也有影响，贝达和山葡萄砧木不利于发病；土壤黏重、碱性或地势低洼、排水不良条件下发病重

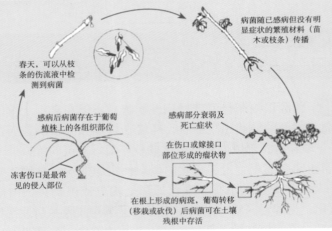

防治适期 根据葡萄根癌病的侵染规律和致病机制，当发现根癌病症状时，使用杀菌剂已经无法使肿瘤症状消失，因此，应在苗木栽植前做好该病的预防工作。

防治措施

（1）**严格检疫** 葡萄根癌病主要通过带病苗木远距离传播，禁止引进病苗和病插穗，如发现病苗木应彻底拔除烧毁。新建园区尽量选择未发生过根癌病的田块。

（2）**选用抗病品种和抗病砧木** 可选用马林格尔、狮子眼、奈加拉、红玫瑰、黑莲子、莎巴珍珠等品种栽植。抗病砧木有河岸2号、河岸6号、河岸9号、和谐等，选择适宜的砧木进行嫁接栽培可提高葡萄的抗性。

（3）**苗木消毒**　对可能带病的苗木和接穗，用1%硫酸铜浸泡5分钟，再放入2%石灰液中浸泡1～2分钟，充分消毒后再定植。

（4）**加强栽培管理**

①适当施用酸性肥料。已建葡萄园，可增施有机肥，适当多施草炭土等微酸性肥料。

②避免积水。葡萄园内低洼处，应合理安排排水管道，避免积水，降低土壤湿度；平地果园要注意雨后排水，降低果园湿度。灌溉时避免大水漫灌，雨季做好防涝排涝工作。

③农事操作期间尽量减少伤口。耕作和田间操作时尽量避免伤根或损伤茎蔓基部；防寒时避免扭伤树干，埋土防寒前结合其他病虫害综合防治，喷施80%波尔多液400倍液等。

④及时控制地下害虫和土壤线虫。

⑤刮除病瘤或清除病株。定期检查，发现病株时，应扒开根周围土壤，用小刀将病瘤刮除，直至露出无病的木质部，刮除的病残组织应集中烧毁，病部涂高浓度石硫合剂或波尔多浆（硫酸铜1份、石灰3份、动物油0.4份、水15份）以保护伤口。对无法治疗的重病株，应及早拔除、集中烧毁，同时挖除带菌土壤，换上无病新土后再定植新株。

（5）**生物防治**　利用放射土壤杆菌K84制剂、E26菌株或HLB-2菌株浸泡根、接穗后定植。

葡萄扇叶病 ··

田间症状　葡萄扇叶病又名葡萄侵染性衰退病，是世界各葡萄栽培地区普遍发生的一种病毒病。扇叶病在叶片上主要表现为3种类型：

（1）**扇叶型**　叶略呈扇状或扭曲、叶片不对称，叶脉发育不正常，中脉偏向一侧，叶缘多齿（图71），有时出现黄绿斑驳（图72）。

（2）**黄化花叶型**　叶面散生褪绿斑，严重时整叶变黄，叶略畸形。

（3）**脉带型**　沿叶片主脉或支脉两侧形成一条黄色带状纹，叶片轻度变形（图73）。

新梢染病，分枝不正常，枝条节间缩短或长短不等，双节、扁枝、节部膨大，病株矮化（图74至图76）。

图71 扇叶型：叶缘多齿

图72 扇叶型：黄绿斑驳

图73 脉带型：沿叶脉形成黄色带状纹，叶片轻度变形

图74 脉带型：节间缩短，病株矮化

图75　脉带型：双节症状

图76　脉带型：扁枝症状

　　果穗染病后落花严重，花序少且小；果穗松散，果粒大小不齐；产生无核小果；果穗少且小，分枝少，结果少，果粒小，色泽差异很大，坐果不良，减产20%～80%；果实酸度高、糖度低。

发生特点

病害类型	病毒性病害
病 原	葡萄扇叶病毒（*Grapevine fanleaf virus*），属线虫传多面体病毒属病毒
越冬场所	活的植物体和残根上是重要的侵染源
传播途径	苗木和无性繁殖材料(插条、砧木和接穗)的调运是葡萄扇叶病远距离扩散的主要途径，种子不能传播；标准剑线虫和意大利剑线虫等土壤线虫在葡萄扇叶病的田间扩散蔓延中起重要作用，同时，线虫还可遗留在苗木的根系或土壤颗粒中进行远距离扩散
发病原因	未做好苗木消毒，未杀灭土壤传毒线虫

防治适期 栽植前及改接品种期间。

防治措施

（1）**加强检疫** 禁止从病区引进苗木、插条或接穗；结合中热处理脱毒，防止病毒侵入和扩散。

（2）**培育和栽植无病毒苗木** 葡萄为多年生植物，扇叶病毒主要随砧木和接穗广泛传播，一旦侵染，终生带毒，持久为害，无法通过化学药剂进行有效控制。培育和栽植无病毒苗木是防控葡萄扇叶病的根本措施。

温 馨 提 示

采用任何方法获得的脱毒材料都必须进行病毒检测，检测无毒后，才可作为无病毒原种母本树，用来繁殖葡萄无病毒苗木。建立无病毒葡萄园时应选择3年以上未栽植过葡萄的地块，以防止残留在土中的线虫成为侵染源。嫁接时应挑选无病接穗或砧木。

（3）**建园前杀灭线虫** 对有线虫发生的地区，种植前可使用1,3-二氯丙烷、溴甲烷、棉隆等杀线虫剂杀灭土壤线虫，以减少媒介线虫的虫口量，降低发病率。建园前，先用98%棉隆微粒剂、溴甲烷处理土壤杀灭线虫。

（4）**清除病株** 拔掉病株并烧毁，树坑内的土壤要用棉隆、甲基溴化物或1,3-滴熏蒸剂等熏蒸，杀死介体线虫后再补栽新苗。

易混淆病害

葡萄扇叶病与由2,4-滴除草剂造成的药害症状容易混淆。

2,4-滴除草剂药害主要引起葡萄叶片畸形，叶部呈带状纹，新梢先端叶片发生严重，叶边缘呈鸡爪抽缩状，叶柄洼极度开张。而葡萄扇叶病表现为扇叶型、黄化花叶型和脉带型三种类型。

葡萄卷叶病 ·····················

葡萄卷叶病是葡萄上分布最广泛、为害最严重的的病毒病之一，在全世界各葡萄产区均有发生。

田间症状 该病具有半潜隐性，在大部分生长季节不表现症状，多数欧亚种病株在果实成熟阶段表现症状，在采收到落叶前叶片症状最明显。症状因品种、时间、环境条件及年份而不同。春季幼嫩叶片症状不明显，但病株矮小、发芽迟。夏季症状逐渐明显，尤其是枝蔓基部的成熟叶片，从叶缘向下反卷（图77），并逐渐向上部其他叶片扩展。红色葡萄品种叶片提前变红（图78），白色葡萄品种叶片不变红而褪绿变黄（图79），但叶脉均保持绿色。叶片因病变厚变脆，叶缘下卷，叶脉间出现坏死斑或叶片干枯。果穗染病，色泽不正常或变为黄白色，果粒变小，着色不良（图80），晚熟，含糖量低。病株萎缩，根系发育不良，抗逆性减弱，冻害发生严重。

图77 叶缘向下反卷

图78 红色葡萄品种叶片变红

图79 白色葡萄品种叶片褪绿变黄

图80 果粒变小，着色不良

发生特点

病害类型	病毒性病害
病原	全世界相继报道了11种葡萄卷叶伴随病毒 (*Grapevine leaf roll-associated virus*, GLRaV), 这11种病毒在血清学上不相关, 单独或复合侵染均可造成葡萄卷叶病的发生。11种葡萄卷叶病相关病毒分别为GLRaV-1、GLRaV-2、GLRaV-3、GLRaV-4、GLRaV-5、GLRaV-6、GLRaV-7、GLRaV-8、GLRaV-9、GLRaV-10、GLRaV-11
越冬场所	在患病的活体植株内越冬
传播途径	因苗木繁育和调运秩序混乱, 导致包括葡萄卷叶病在内的葡萄病毒病在葡萄植园和苗圃中广泛传播。主要通过嫁接传染, 并随繁殖材料 (接穗、砧木、苗木) 远距离传播扩散, 葡萄卷叶伴随病毒可借助多种粉蚧近距离传播
发病原因	未做好苗木、接穗和砧木、插条消毒

防治适期　栽植前及改接品种期间。

防治措施

（1）**选用无病毒苗木**　选用无毒苗木是防治葡萄卷叶病最有效的方法。将苗木或试管苗放于38℃热处理箱中, 人工光照56～90天, 取新梢2～5厘米, 经弥雾扦插长成新株, 脱毒率可达86%。脱毒苗经检测无毒后方可用做母株。

（2）**清除病株**　发现病株, 及时挖除并销毁。

（3）**土壤熏蒸消毒**　栽前可选用甲基溴或二氯丙烷进行土壤消毒。甲基溴每667米^{2}用30千克, 施用深度为50～75厘米, 二氯丙烷每667米^{2}用90～160千克, 施用深度为75～90厘米; 处理后用薄膜覆盖。土壤熏蒸后间隔1年以上再种葡萄。

（4）**防治粉蚧**　建无病毒葡萄园时应选择3年以上未栽植葡萄的地块, 园址需距离普通葡萄园30米以上, 以防止粉蚧等介体从普通园中传带卷叶病毒。若发现传染卷叶病毒的粉蚧等媒介昆虫, 需进行防治, 冬季或早春刮除老翘皮, 或用硬毛刷子刷除越冬卵, 集中烧毁或深埋; 果树萌动前, 结合其他病虫害的防治, 全树喷布5波美度石硫合剂或5%柴油乳剂。

葡萄落花落果病

田间症状 开花前1周花蕾脱落、开花后子房脱落为落花落果（图81），落花落果率在80%以上时称为落花落果病。

图81 落花落果

发生特点

病害类型	生理性病害
发病原因	①品种缺陷。存在胚珠发育不全、雌花结构异常、雄花退化等缺陷的品种，如玫瑰香、巨峰等，易落花落果。②栽培管理不到位。田间氮肥使用过量，导致花期新梢徒长，使花穗发育所需要的营养不足而造成落花落果；留枝过密，通风透光条件差；缺硼影响花粉萌发和花粉管正常生长，严重时影响坐果。③病虫害防控不力。葡萄霜霉病、葡萄灰霉病等病虫害发病重，易造成落花落果。④外界气候异常。葡萄花期适温为20～25℃，若花前气温低于10℃，花期低于14℃或超过35℃，不利于坐果；花期干旱、刮大风或阴雨连绵、日照不足影响授粉均易造成落花落果。⑤生理落果。当葡萄的果粒长到直径3～4毫米时，一部分果粒会因营养不良停止发育而脱落

防治适期 花前至幼果期。

防治措施

（1）**搭配授粉品种** 落花落果严重的品种如玫瑰香、巨峰等要与授粉树保持适当比例，并结合在花前 3 ～ 5 天摘心，以控制营养生长、促进坐果。

（2）**科学修剪** 对生长势过旺的品种要注意轻剪长放，枝蔓适当环割，以缓和树势。

（3）**合理施用氮肥** 花前和花后进行追肥和灌溉，多施磷钾肥，控制速效氮肥用量。采收后做好秋施基肥工作。

（4）**叶面喷硼** 花前喷 0.05% ～ 0.1% 硼砂（或 0.3% 硼酸）+0.3% 磷酸二氢钾溶液。也可在离树干 30 ～ 50 厘米处撒施硼砂，随后灌水。

（5）**喷施生长调节剂** 开花前喷丁酰肼（B_9）或矮壮素等生长调节剂抑制营养生长，改善花期营养状况。

（6）**加强病虫害防治** 注意对葡萄霜霉病、葡萄灰霉病的防控。

葡萄日灼病 ·······

日灼病又名日烧病，是葡萄上普遍发生的一种自然灾害。

田间症状 该病主要发生在果穗上。果实受害，果面出现浅褐色的斑块，后扩大，稍凹陷，成为褐色、圆形、边缘不明显的干疤（图 82）。受害处易遭受葡萄炭疽病病原菌的侵害。一般在果实着色期至成熟期停止发生。

葡萄日灼病

发生特点

病害类型	生理性病害
发病原因	果实在缺少叶片荫蔽的高温条件下，果面局部失水而发生灼伤；或是渗透压高的叶片向渗透压低的果实争夺水分，造成日灼
发生规律	篱架比棚架发病重；幼果膨大至上浆前天气干旱时发病重；摘心重、副梢叶面积小时发病重；叶片小、副梢少的品种发病重；施氮肥过多的植株，叶面积大，蒸发量也大，则日灼病也发生重；天气从凉爽突然变为炎热时，果面组织不能适应突变的高温环境，也易发生日灼病

图82 果实症状

防治适期 一般在6月上中旬开始防治。

防治措施

（1）**选择合理的栽培模式**　建园优先选择南北行种植；改篱架栽培为棚架栽培；选择有枝叶或副梢遮挡（或覆盖）的部位预留果穗，避免果穗裸露。

（2）**掌握好疏果、疏穗及套袋的时间**　在全园葡萄即将开花之前疏穗；在浆果大豆粒大小时疏果、套袋。此外对易发生日灼病的品种优先选用透气性好、透光率相对较低（如透光率为20%的黄色袋）、尺寸较大、下口全开的果袋。同时，除袋最好选择在上午温度较低时进行，不要在中午高温强光照时段进行。

（3）**覆盖遮阳网**　盛夏高温期，有条件时应覆盖遮阳网。遮阳网在上午10时放下，下午3时收起。

易混淆病害

葡萄白腐病与葡萄日灼病症状常易混淆，从以下几个方面加以区分：

①发生部位。葡萄白腐病一般由果梗向果实上部逐渐扩散，然后形成病果；葡萄日灼病一般发生在阳光直射面，但果穗下部无阳光直射也可发生，主要是因为土壤干旱，地面温度较高。

②发生条件。葡萄白腐病一般发生于潮湿天气，雨水、大雾天气后；葡萄日灼病一般发生于突然高温或连续高温后。

③病斑。葡萄白腐病发病时出现褐色斑块，逐渐整粒果实水化变瘪；葡萄日灼病发病时出现白色斑块，逐渐下陷，日灼部位逐渐木栓化。

葡萄气灼病 ·····················

气灼病又叫缩果病，是红地球葡萄的常见病害，常发生在葡萄套袋之后。气灼病一般发生在葡萄幼果期，从落花后45天左右至转色前均可发生，但大幼果期至封穗期发生最为严重。

田间症状 该病最初在果面上出现深绿色豆粒大小的油渍状斑块（图83），病部颜色逐渐加深，后期形成深褐色略凹陷病斑（图84），受害果皮不腐烂，接近果皮的果肉组织呈海绵状，最后变褐坏死，有时可致整个果粒干枯形成僵果（图85）。此外，叶片也可受害，有些品种叶片初产生边缘不明显的淡黄褐色灼伤斑（图86），之后渐变为紫褐色（图87），有时整个叶片表皮呈褐色枯死状。气灼发生在叶片较薄品种的叶片上，常形成灰白色至淡黄褐色不规则枯死斑（图88）。有时花蕾也可受害，在花蕾顶部形成褐色坏死斑点（图89）。

图83　油渍块状病斑

图84 病斑失水、凹陷

图85 僵 果

图86　叶片上的淡黄褐色灼伤斑

图87　灼伤斑变紫褐色

图88　叶片较薄品种受害状

图89　花蕾顶部形成褐色坏死斑点

发生特点

病害类型	生理性病害
发病原因	受地面高温和施肥后有害气体的熏蒸以及热空气烘烤，造成果穗脱水干缩
发生规律	土壤黏重的葡萄园发病较重，园内种草或覆草的以及土壤有机质含量高的葡萄园均较轻；阴雨过后突然放晴的闷热天气下，易发生气灼，套袋果也不例外；夏季修剪时，摘心过重或副梢处理过重时会加重气灼病发生

防治适期　连续阴雨低温后突然转晴，形成闷热天气，是发生气灼病的必要条件。进入6月下旬后的第一个"桑拿天"最易发生气灼，此时要注意预防。葡萄气灼病的防治，从根本上是保持水分的供求平衡，因此，防治气灼病要从保证根系吸收功能的正常发挥和水分的稳定供应入手。

防治措施

（1）**科学套袋**　连续阴雨后天气突然转晴，不要急于套袋，3天后再进行套袋，有利于防止葡萄气灼病的发生。

（2）**合理施肥**　葡萄封穗前后不要一次性施肥过多、过于集中，施肥要均匀，同时增施腐殖酸、海藻酸、氨基酸类肥料，促进根系生长发育，有利于防止气灼病的发生。

（3）**避免高温天气中午大量灌水**　建议高温天气早晨或傍晚灌水，避免气灼病的发生。

（4）**喷施生长调节剂**　高温季节可叶面喷施2毫克/升的S-诱抗素，每隔10～15天喷1次，可明显降低气灼病的发生概率。

（5）**培养合理的树体与叶幕结构**　预留果穗时，选择有枝叶或副梢遮挡（或覆盖）的部位，保持果穗下部一定的叶片数量，避免果穗裸露。同时尽量预留距地面较高的果穗。

易混淆病害

葡萄气灼病和葡萄日灼病的区别：葡萄日灼病是由于太阳的紫外线、强光线造成的灼伤，颜色比较深，类似于火烧状，果穗暴露于叶片外，朝阳果面易灼伤；葡萄气灼病是水分生理病害，病斑颜色比较浅，类似于开水烫伤状，病果在架面及果穗中的分布及病斑在果粒上的分布均呈现随机性。

葡萄裂果

田间症状　葡萄裂果主要发生在果实近成熟期及采收期。发病初期果面出现缝隙（图90），后果皮和果肉呈纵向开裂（图91），果汁外溢，有时露出种子。裂口处易感染灰霉病、酸腐病（图92）还可吸引果蝇、苍蝇、胡蜂等多种害虫为害，最后导致果实腐烂，失去商品与经济价值。

图90　裂果发病初期症状

图91　果皮和果肉呈纵向开裂

图92　裂果引起酸腐症状

发生特点

病害类型	生理性病害
发病原因	由品种缺陷、栽培管理措施不当、负载过量、水分供应不均匀、特殊气候、药害、肥害及病虫害等多种原因引起
发生规律	不同品种对裂果的敏感程度不同，果穗紧密、皮薄肉嫩品种发病重；一般白色品种较红色品种易裂果；前期持续干旱，后期降雨偏多，雨量过大以及大水漫灌的果园病害偏重发生；氮肥过量、果实缺钙、超剂量使用农药及生长调节剂的果园发病重；果实病虫害如白粉病、黑痘病及蓟马等发病重的裂果也较严重

防治适期 从幼果期开始预防。

防治措施

（1）**优先栽植不易裂果的品种** 选择如红地球、克瑞森等自身不易裂果的品种。

（2）**均衡供水** 6～7月土壤干旱时要浇小水，最好采用滴灌。果实发育后期，应坚持"少量多次"的原则对果园进行浇水，切勿大水漫灌，雨后应及时排水，避免水分剧变。

（3）**平衡施肥，增施有机肥或施用腐熟堆肥** 严格控制氮肥用量，萌芽后尽量不要施用氮肥，防止挤伤。幼果期喷钙，落花后结合喷药喷施300倍液的磷酸二氢钾加氨基酸钙或氨基酸螯合稀土肥液。

（4）**合理疏穗、疏果及套袋** 对于果粒比较紧密的品种，可在花前摘除部分小穗、副穗，掐去部分穗尖，确保果穗松紧适度，减少果粒后期相互挤压而造成裂果。疏果后适时套袋，采收前及时摘袋。

（5）**行间生草** 行间利用自然杂草或种植绿肥实施生草覆盖方法。

（6）**科学用药** 不随意增加杀虫剂、杀菌剂及生长调节剂的使用剂量，以免发生药害、造成裂果。

（7）**加强病虫害防治** 应及时有效地控制黑痘病、白粉病及蓟马等果实病虫害。

葡萄缺素症

田间症状

缺氮：植株生长受阻、叶片失绿黄化、叶柄和穗轴呈粉红或红色等，老叶通常相对于幼叶会较早出现症状（图93）。

缺磷：叶片变小，叶色暗绿带紫，叶缘发红焦枯，出现半月形死斑。生长缓慢，果穗少（图94）。

缺钾：枝条中部叶片表现扭曲，后叶缘和叶脉间失绿变干，并逐渐由边缘向中间焦枯，叶片变脆、容易脱落（图95）。

缺钙：新梢嫩叶上形成褪绿斑，叶尖及叶缘向下卷曲，几天后褪绿部分变成暗褐色，并形成枯斑。

图93　缺氮症状：叶片失绿黄化

图94　缺磷症状：叶色暗绿带紫

葡萄缺钾

图95　缺钾症状

缺镁：叶脉间失绿，老叶边缘坏死，主脉间形成楔状黄色或淡红色、红色区域，果梗分离（图96）。

葡萄缺镁

图96　缺镁症状：叶脉失绿

缺锌：新梢顶部叶片狭小，枝条纤细，节间短。叶脉间失绿黄化，脉网绿色。果穗大小粒现象严重（图97）。

图97　缺锌症状
A.新梢顶部叶片狭小　B.果穗大小粒　C.叶脉间失绿黄化

缺铁：幼叶失绿，叶片除叶脉保持绿色外，叶面黄化甚至白化（图98）。

图98　缺铁症状

缺硼：植株矮小，枝蔓节间变短，副梢生长弱。叶片小、增厚、发脆、皱缩，叶缘出现失绿黄斑，叶柄短粗。严重缺硼时，果实皮下果肉局部发生褐变（图99、图100）。

图99　缺硼症状：叶缘失绿

图100 缺硼症状：果实褐变

缺锰：叶脉间黄绿，叶脉间细脉周围散布着黄色花斑，与叶脉紧邻部分则保持绿色，夹生绿果粒（图101）。

葡萄缺锰

图101 缺锰症状：叶脉间黄绿

发生特点

病害类型	生理性病害
发病原因	营养元素缺乏
发生规律	①缺氮。土壤氮素和有机质含量低，植株间杂草丛生，消耗氮素，造成氮素供应不足。②缺磷。葡萄树展叶后，随着枝叶的生长，开花及果实膨大对磷素养分的吸收量较多，磷素易被土壤固定，不易流动，若磷素养分供应不足就会导致葡萄缺磷症的发生。③缺钾。黏性土壤和酸性土壤及有机质缺乏的瘠薄土壤上易出现缺钾症状。④缺钙。氮和钾施用过量会阻碍葡萄树对钙的吸收，空气湿度小、土壤水分不足时也影响植株对钙的吸收。⑤缺镁。酸性土壤及雨水较多地区的沙质土壤中镁易流失而造成缺镁状态，施用钾肥过多时也会影响植株对镁的吸收，从而导致缺镁。⑥缺锌。多数土壤对锌有固定作用，植株从土壤中吸收锌有一定难度。⑦缺铁。铁素易被土壤固定，不能满足植株生长发育对铁素的需求。⑧缺硼。土壤不能满足葡萄树生长发育对硼的需求。⑨缺锰。土壤通气不良、地下水位高的土壤也常发生缺锰症

防治措施

（1）**缺氮** 平衡施肥，在秋季施基肥时配以适量的氮肥。生长期适时追施尿素2～3次，发生症状时叶面喷施0.3%～0.6%尿素溶液。

（2）**缺磷** 施足有机肥，合理施用磷肥。在施用基肥时将磷肥与生物有机肥混合均匀后再施入土壤，施肥深度应达到40厘米左右。发生缺磷症状时，及时叶面喷施0.5%～1%磷酸二氢钾溶液，每隔6～10天喷施1次，直至缺磷症状消失。

（3）**缺钾** 增加优质生物有机肥的施用量，合理施用钾肥，注意氮、磷、钾的平衡，一般葡萄园平衡施用氮（N）、磷（P_2O_5）、钾（K_2O）的比例为1：0.4：1.1。葡萄树发生缺钾症状及时叶面喷施2%～3%硫酸钾溶液，每隔7天喷施1次。

（4）**缺钙** 要避免一次施用过多的氮肥和钾肥，要适时浇水，保证土壤水分充足。在发生缺钙症状时叶面喷施氨基酸钙溶液或0.5%～1%硝酸钙溶液，每隔5～7天喷施1次。

（5）**缺镁** 增施生物有机肥，钾肥和镁肥要平衡施用。植株出现缺镁症状时及时叶面喷施氨基酸镁或2%硫酸镁溶液，每隔6天喷施1次，一般连续喷施3～4次症状会消失。

（6）**缺锌**　增施生物有机肥，改良土壤，加厚活土层。在花前15～20天叶面喷施氨基酸螯合锌溶液或0.2%硫酸锌溶液。

（7）**缺铁**　出现缺铁症状时叶面喷施氨基酸螯合铁或0.15%柠檬酸溶液加0.3%～0.5%硫酸亚铁溶液，每隔10天喷施1次。

（8）**缺硼**　在葡萄树开花前14～20天叶面喷施氨基酸螯合硼溶液或0.2%～0.3%硼砂溶液，每隔7天喷施1次。

（9）**缺锰**　增施优质有机肥，在葡萄植株开花前叶面喷施氨基酸螯合锰溶液或0.1%硫酸锰溶液，每隔7天喷施1次。

PART 2

虫 害

葡萄根瘤蚜

分类地位 葡萄根瘤蚜 [*Dektulosphaira vitifloliae*（Fitch）] 属半翅目根瘤蚜科。

为害特点 葡萄根瘤蚜为单食性害虫，仅为害葡萄属植物，是葡萄的毁灭性害虫，也是国际上重要的检疫性害虫之一。葡萄根瘤蚜主要以成虫和若虫刺吸葡萄叶片和根系的汁液，主要有根瘤型和叶瘿型两种为害形态。在我国主要的为害形态为根瘤型。

根瘤型：寄主须根被害后肿胀，变成菱角形或形成"鸟头根"，称为根结（图102），蚜虫多在凹陷的一侧（图103）；侧根和大根被害后形成关节形的根瘤或粗隆，蚜虫多在根瘤缝隙处。在土壤湿度大的条件下，根瘤常发生腐烂，使皮层裂开脱落，维管束遭到破坏，从而影响根对养分、水分的吸收和运输，同时受害根部容易腐烂。因此根瘤型葡萄根瘤蚜的田间为害状主要表现为植株长势衰弱（图103）、新根活力弱，伴随着叶片变黄、产量降低、果粒生长受阻，并呈现出逐年加重的趋势。

图102 根 结

图103　植株长势衰弱

叶瘿型：成虫和若虫主要寄生于叶片，在叶片背部形成红黄色的颗粒状虫瘿（图104），并凸起呈囊状，害虫则钻在囊内取食为害，严重时造成叶片变形和萎缩，最终导致整个植株枯死。

图104　叶片背部的虫瘿

温馨提示

　　葡萄根瘤蚜的扩散速度非常快。初侵染中心往往只有几株，很快便以侵染中心为圆心呈放射状向四周扩散，被感染的植株每年以20倍的速度增加，随着葡萄根瘤蚜的扩散，侵染中心常因植株死亡导致蚜虫种群数量逐渐减少，周边植株上的种群数量则逐渐增多。

形态特征　葡萄根瘤蚜的虫态可分为完整生活史的虫态和不完整生活史的虫态。完整生活史的虫态有：越冬卵→干母（若虫、无翅成蚜）→干雌（卵、若虫、无翅成蚜）→叶瘿型蚜虫（卵、若虫、无翅成蚜）→无翅成蚜根瘤型蚜虫（卵、若虫、无翅成蚜）→有翅蚜（性母）→性蚜（卵、成虫）→越冬卵。不完整生活史的虫态有：无翅根瘤型蚜虫的卵→若虫→无翅成蚜→卵（图105）。由于我国境内主要存在根瘤型葡萄根瘤蚜，在此着重对这一类型的形态特征进行介绍（图106）。

　　成虫：体卵圆形，体长1.2～1.5毫米，宽0.5毫米左右，体鲜黄色至污黄色，头部色深；足和触角黑褐色；触角粗短，全长0.16毫米，约为体长的1/10。体背各节有许多黑色瘤状突起，各突起上各生1根毛。

　　卵：长约0.3毫米，宽约0.15毫米，初产时淡黄至黄绿色，后渐变为暗黄绿色。

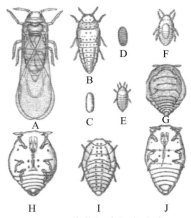

图105　葡萄根瘤蚜各虫态

A. 有翅型成虫　B. 有翅型若虫　C. 有性卵　D. 无性卵　E. 有性型雄虫　F. 有性型雌虫（腹面）
G. 叶瘿型成虫（背面）　H. 叶瘿型成虫（腹面）　I. 根瘤型成虫（背面）　J. 根瘤型成虫（腹面）
（北京农业大学等，1990）

图 106　显微镜下的葡萄根瘤蚜成虫、若虫和卵

若虫：卵长约0.3毫米，宽约0.15毫米，初产时淡黄至黄绿色，后渐变为暗黄绿色。若虫共4龄。一龄若虫椭圆形，淡黄色；头、胸部大，腹部小；复眼红色；触角3节直达腹末，端部有一感觉圈。二龄后体型变圆，眼、触角、喙及足分别与各型成虫相似。

发生特点

发生代数	年发生代数因地而异，根瘤型1年发生5～9代，叶瘿型1年发生3～5代，不同地区之间发生代数差异很大
越冬方式	根瘤型以若虫或卵在葡萄根际越冬，叶瘿型以卵越冬
发生规律	葡萄根瘤蚜的生活史分为有性和无性两个阶段。葡萄根瘤蚜只有在适宜的气候和寄主条件下才有完整的生活周期；一年中，最初开始的几代蚜虫都进行无性生殖，有性蚜最早能在5月初出现，秋季有性蚜出现的频率较高 不同葡萄品种对葡萄根瘤蚜的耐性或抗性存在很大的差异：欧亚种对根瘤型葡萄根瘤蚜的为害最敏感，而对叶瘿型葡萄根瘤蚜具有抗性；相反，美洲葡萄对叶瘿型葡萄根瘤蚜敏感，但对根瘤型葡萄根瘤蚜有抗性。山地黏土、壤土或含有大块砾石的黄黏土葡萄根瘤蚜发生多、为害重

葡萄根瘤蚜的生活史
（仿 Stephen Jeffrey Krebs，1995）

（续）

生活习性	葡萄根瘤蚜越冬若虫及卵能耐低温，只有在土温低于 − 14℃时才死亡。越冬若虫在翌春温度13℃时开始活动，活动始期因土壤深度及温度而异，在上部土壤中越冬的若虫活动早于在较深土壤中的若虫。越冬若虫在其越冬处取食，一般到了成蚜时仍在原地产卵，大多数在夏季或秋季才迁移，一龄若虫从土壤中爬出，在土表爬行，迁移到其他植株根部为害

防治适期 葡萄根瘤蚜一旦发生则很难根除，因此必须建立预防为主的观念。在新建果园时，需仔细调查地块中蚜虫种类分布及群体密度，如果地块已经被污染且侵染时间长，应避免种植葡萄，而应种植抗病品种。

防治措施

（1）**严格检疫** 严把苗木、种条的产地检疫、调入调出检疫、市场检疫和田间检疫，从源头上检测、堵截该害虫的传播。在检疫苗木时要特别注意根系所带的泥土有无卵、若虫和成虫。苗木、种条调运和栽种前要进行消毒处理。发现有葡萄根瘤蚜为害的葡萄树要尽早彻底挖除、烧毁并用辛硫磷处理土壤。

（2）**农业防治** 新建园园址首选地势平坦或背风向阳处，土壤以沙质土为宜。同时要抓好田间土肥水管理，提高植株的整体抗性。根据该害虫在黏重土壤中发生和为害较重而在矿质土壤中发生轻的特点，应对黏重土质的园区实施土壤质地改良，提高土壤沙质含量。同时在沙质土壤中育苗也是葡萄根瘤蚜的有效预防方法之一。

（3）**苗木消毒** 经过检疫的苗木，应先进行消毒后再种植或调运。主要消毒方法有：

①辛硫磷处理。使用50%辛硫磷乳油800 ～ 1 000倍液，或80%敌敌畏乳油600 ～ 800倍液，浸泡种条或苗木15分钟，捞出晾干后再调运；或在苗木到达目的地后用同样方法消毒处理后再种植。

②温汤浸种。使用52 ～ 54℃的温水浸泡苗木5分钟，杀灭种条、种苗上潜在的根瘤蚜。

（4）**化学防治** 施用农药只能作为压低种群数量的临时性措施。在每年4 ～ 5月及9 ～ 10月两个葡萄根系快速生长期之前，每个时期使用1 ～ 2次化学药剂，每年用药2 ～ 4次，两次药剂的间隔期应在7 ～ 15天。在土壤翻耕后泼浇50%辛硫磷乳油500倍液或20%啶虫脒可溶性粉剂1 500倍液等。也可以使用毒土法，每公顷用50%辛硫磷乳油3 750克或20%啶虫脒可湿性粉剂 1 500 克，配毒土450 千克后均匀施用。

绿盲蝽 ·······································

分类地位　绿盲蝽 [*Apolygus lucorun* (Meyer-Dur.)]，又名花叶虫，属半翅目盲蝽科。

为害特点　绿盲蝽的分布范围广泛，除海南、西藏以外，在全国各地均普遍发生，为害区域主要在长江流域和黄河流域。绿盲蝽的寄主范围很广，可为害果树、蔬菜、棉花等多类作物。近年来，随着农业产业结构的调整和葡萄种植面积的逐渐扩大，绿盲蝽在葡萄上的危害日益严重，已经成为葡萄的重要害虫之一。

　　绿盲蝽主要于清晨和傍晚以成虫、若虫形态刺吸为害葡萄的幼芽、嫩叶、花蕾和幼果，刺的过程会分泌有毒物质，造成受害部位细胞坏死或畸形生长。葡萄嫩叶被害后，先出现枯死小点，随叶芽伸展，小点变成不规则的多角形孔洞，俗称"破叶疯"（图107）；花蕾受害后即停止发育，枯

图107　绿盲蝽为害葡萄叶片

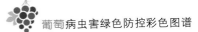

萎脱落（图108）；受害幼果初期表面呈现不很明显的黄褐色小斑点（图109），随果粒生长，小斑点逐渐扩大，呈黑色，受害皮下组织发育受阻，渐趋凹陷（图110），受害严重的部位发生龟裂，严重影响葡萄的产量和品质。

图108　花蕾枯萎

图109　果实被害初期（阳光玫瑰葡萄）

图110　果粒小斑点凹陷呈黑色

形态特征

成虫：体长约5毫米，雌虫稍大，体绿色；复眼黑色，突出；触角4节，丝状，较短，约为体长的2/3，第2节长度等于第3、4节之和，向端部颜色渐深，第1节黄绿色，第4节黑褐色；前胸背板深绿色，有许多黑色小刻点；小盾片三角形，微突，黄绿色，中央具一浅纵纹；前翅膜片半透明，暗灰色，其余绿色（图111）。

图111　绿盲蝽成虫

卵：长约1毫米，黄绿色，长口袋形，中央凹陷，两端突起，无附属物，主要产在芽眼、树皮等处（图112）。

图112　绿盲蝽的卵及产卵处
A、B. 绿盲蝽的卵　C、D. 绿盲蝽的产卵处

若虫：共5龄，初孵时绿色，复眼桃红色。5龄若虫全体鲜绿色，触角淡黄色，端部色渐深，复眼灰色。翅芽尖端蓝色，达腹部第4节（图113）。

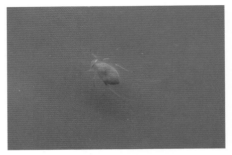

图113　绿盲蝽若虫

发生特点

发生代数	由北向南发生代数为3～7代
越冬方式	主要以卵在果树的树皮、芽眼间、枯枝断面、地面杂草以及浅层土壤中越冬
发生规律	3～4月越冬卵开始孵化，越冬代卵孵化期较为整齐，4月下旬，葡萄萌芽后即开始为害，5月上中旬展叶盛期是为害盛期，5月下旬后气温渐高、虫口渐少。第1、2、3、4代分别出现在6月上旬、7月中旬、8月中旬、9月中旬，世代重叠现象严重。田间绿盲蝽成虫常在多种作物之间转移为害，特别是在寄主植物生育期变化的情况下，能进行大规模、远距离的寄主转移，可转移到豆类、玉米、蔬菜等作物上为害。9月下旬至10月上旬产卵越冬。 绿盲蝽发生与气候条件密切相关，其喜温暖、潮湿环境，高湿条件下若虫活跃，生长发育快，雨多的年份发生较重。气温20～30℃、相对湿度80%～90%时绿盲蝽最易发生为害
生活习性	成虫飞翔能力强，若虫活泼，白天潜伏，稍受惊动，迅速爬迁，白天不易发现，这就是只看到破叶见不到虫子的原因。成虫寿命较长，30～40天，羽化后6～7天开始产卵，产卵期可持续20～30天，且产卵一般具有趋嫩性，多产于幼芽、嫩叶、花蕾和幼果等组织内，但越冬卵大多产于枯枝、干草等处

防治适期

在防治上应抓住防治关键时期，将该虫消灭在孵化期和成虫羽化及转主为害之前。防治关键时期为第一代若虫孵化期（4月下旬）、第二代若虫孵化期（5月下旬）、第二代成虫羽化前（6月上旬）。

温 馨 提 示

　　绿盲蝽具有昼伏夜出的习性，成虫白天多潜伏于树下、沟旁杂草等处，而在夜晚和清晨为害，因此傍晚或清晨进行药剂防治效果较好；同时绿盲蝽喜潮湿，连续降雨后常常出现暴发为害的现象，在雨水多的季节或地区，应利用短暂晴天的机会及时防治。

防治措施

（1）**清理越冬场所**　在葡萄越冬前（北方埋土防寒前），清除枝蔓上的老翘皮、剪除枯枝并集中销毁。秋后或早春将果园周围及园内的杂草清除干净，烧毁或积肥，可消灭越冬卵。果园内最好不要间作棉花、豆类等。

（2）**保护天敌**　天敌对绿盲蝽有较好的抑制作用，绿盲蝽的天敌主要为龟纹瓢虫、七星瓢虫、中华草蛉、大草蛉、小花蝽、T纹豹蛛、三突花蛛、草间小黑蛛等。利用有利于天敌繁衍的耕作栽培措施，选择对天敌安全的选择性农药，并合理减少施用化学农药，保护、利用天敌昆虫来控制绿盲蝽种群数量。

（3）**悬挂杀虫灯**　每4公顷果园悬挂1台频振式杀虫灯，利用绿盲蝽成虫的趋光性进行诱杀。

（4）**化学防治**

①早春葡萄萌芽前，全树喷施一遍3波美度石硫合剂，消灭越冬卵及初孵若虫。

②越冬卵孵化后，抓住越冬代低龄若虫期，适时进行药剂防治。葡萄发芽后5～7天，可使用10%吡虫啉可湿性粉剂2 000倍液、3%啶虫脒乳油1 500倍液、1.8%阿维菌素乳油5 000倍液、10%氯氰菊酯乳油1 500倍液等，连喷2～4次，间隔7～10天。喷药一定要细致、周到，对树干、地上杂草及行间作物全面喷药，做到树上、树下、喷严、喷全，以达到较好的防治效果。

③越冬前，铲除果园中及周围的杂草，并喷施10%吡虫啉可湿性粉剂4 000倍液等。

温馨提示

绿盲蝽具有很强的迁移性，一家一户防治效果不理想，要根据预测预报发动种植之统一防治，做到统一时间、统一用药、统一行动。

康氏粉蚧

为害葡萄的粉蚧类害虫主要有4种，分别为葡萄粉蚧（*Pseudococcus*

maritimus)、康氏粉蚧(*P. comstocki*)、暗色粉蚧(*P. viburni*)和长尾粉蚧(*P. longispinus*),其中葡萄粉蚧是近年来葡萄上新发生的害虫,康氏粉蚧是为害葡萄和其他果树的重要粉蚧类害虫,在本书中主要介绍葡萄粉蚧和康氏粉蚧。

分类地位 康氏粉蚧属半翅目粉蚧科,是一类杂食性的害虫。

为害特点

康氏粉蚧除为害葡萄外,还可为害苹果、梨、山楂、桃、李、杏、樱桃、板栗、核桃等多种果树,桑、杨、柳等树木及蔬菜等。

康氏粉蚧喜欢在阴暗处活动,套袋后的果实内是其繁殖、为害的最佳场所,树冠郁闭的果园发生较重,尤其树冠中下部及内膛发生更重。康氏粉蚧有刺吸式口器,主要以雌成虫和若虫刺吸嫩芽、嫩叶、果实和枝干的汁液。嫩枝受害后,被害处肿胀,严重时造成树皮纵裂而枯死。果实被害时,造成组织坏死,出现大小不等的褐斑、黑点或黑斑,为害处该虫产生的白色棉絮状蜡粉等污染果实(图114)。康氏粉蚧排泄蜜露到果实、叶片、枝条上造成污染,湿度大时蜜露上可导致杂菌污染,有煤污病的果实彻底失去食用价值。

图114 康氏粉蚧为害葡萄果实

　　长期以来，我国的果树种植普遍采用乔砧，树形高大，通风透光良好，不利于康氏粉蚧发生，但是随着果园矮化密植种植模式的推广，特别是为了减轻果实病虫害和鸟害而推广的果实套袋技术，为康氏粉蚧创造了极适宜的发生条件，从而使其在我国果园中逐渐由次要害虫变为了一种主要害虫。

形态特征

　　成虫：①雌成虫。椭圆形，较扁平，体长3～5毫米，粉红色，体被白色蜡粉，体缘具17对白色蜡刺，腹部末端1对蜡刺几乎与体长相等。眼半球形，触角多为8节。腹裂1个，较大，椭圆形。肛环具6根肛环刺。臀瓣发达，其顶端生有1根臀瓣刺和几根长毛。足较发达，疏生刚毛。多孔腺分布在虫体背、腹两面。刺孔群17对，体毛数量很多，分布在虫体背腹两面，沿背中线及其附近的体毛稍长（图115）。②雄成虫。体紫褐色，体长约1毫米，翅展约2毫米，翅1对、透明，触角和胸背中央色淡，单眼紫褐色，后翅退化为平衡棒，尾毛较长。

图115　雌成虫

卵：椭圆形，长0.3～0.4毫米，浅橙黄色，附有白色蜡粉，产于白色絮状卵囊内。

若虫：雌虫3龄，雄虫2龄。一龄若虫椭圆形，长约0.5毫米，淡黄色；眼近半球形，紫褐色；体表两侧布满纤毛。二龄若虫体长约1毫米，体缘出现蜡刺。三龄若虫长约1.7毫米，与雌成虫相似。

蛹：雄蛹长约1.2毫米，淡紫褐色，裸蛹。茧体长2.0～2.5毫米，长椭圆形，白色絮状。

发生特点

发生代数	黑龙江东宁、吉林延边等地区1年发生2代，在北京和河北、河南、山西、山东等地1年发生3代
越冬方式	主要以卵在枝干缝隙和附近土石缝等隐蔽处越冬
发生规律	葡萄发芽后越冬卵开始孵化，在山东烟台地区5月上中旬为第一代若虫发生盛期，6月中旬至7月上旬发育为成虫并产卵交尾。第二代若虫在7月上中旬孵化，8月上中旬变为成虫并产卵。8月中旬为第三代若虫发生盛期。雄若虫为害30天左右后，经蜕皮2次后进入前蛹期准备化蛹，约半个月后开始羽化。雌虫为害40天左右，蜕皮3次后约在9月下旬进入成虫期，并同雄虫交配。交配后的雄成虫死亡，雌成虫则爬到合适场所如枝干缝隙、果实梗洼、萼洼等处，有的甚至在土中分泌卵囊，产卵于其中
生活习性	康氏粉蚧除产卵期成虫外，若虫、雌成虫均能随时变换为害场所。康氏粉蚧喜在阴暗处活动，套袋内是其繁殖为害的最佳场所，因此，套袋果园和树冠郁闭、光照差的果园发生较重，树冠中下部及内膛发生重

防治适期 第一代若虫在花后10～15天孵化，此时为第一代若虫的发生盛期，是一个极为重要的防治时期，需进行适时防治。

防治措施 由于康氏粉蚧世代复杂，不同果园的发生规律存在差别，因此应根据果园的实际情况，因地制宜，抓关键时期及时防治。康氏粉蚧孵化盛期至转移前，由于初孵化若虫没有白色蜡质覆盖，对药物敏感；且初孵若虫有聚集习性，5～7天后逐渐扩散，扩散转移至果袋等更隐蔽处，所以若虫孵化后5天内应是药剂防治的最佳时期。

（1）**冬春果园管理** 冬季结合清园，细致刮除粗老翘皮，清理杂草、旧纸袋、病虫果、残叶，并及时烧毁，压低越冬虫源基数。在土壤上冻前，灌1次冻水，对在土块中越冬的康氏粉蚧可造成伤害，从而消灭一部分越冬卵和若虫。

（2）**保护天敌**　康氏粉蚧的天敌种类较多，如草蛉、瓢虫等，因此应尽量少用广谱性杀虫剂，注意保护天敌。

（3）**土壤处理**　在卵孵化期，根际施药，包括施用颗粒剂、片剂或药液土壤泼浇。一般选择25%吡虫啉可湿性粉剂等内吸性药剂。

（4）**化学防治**　在套袋果园，由于康氏粉蚧成虫、若虫均可通过袋口进入果袋为害，果袋成了其天然保护屏障，农药无法与虫体接触，致使康氏粉蚧发生加重，因此，必须在套袋前喷药防治。

①采果后至落叶前防治。全园仔细喷一遍药，杀灭越冬场所的虫、卵。可用硫悬浮剂400～500倍液加48%毒死蜱乳油1 000倍液。

②早春发芽前防治。刮完树皮后，全园细致喷一遍5波美度石硫合剂，可有效降低越冬害虫的基数。

③防治药剂的选择。康氏粉蚧的卵外表皮很薄、质地柔软，如果没有絮状物保护，很容易被杀死。在防治时可适当加入农药助剂，帮助突破包裹卵的絮状物，从而杀死虫卵。可选用25%氰戊菊酯乳油1 500倍液＋农药助剂，或48%毒死蜱微乳剂1 500倍液＋农药助剂等。

葡萄粉蚧 ···

分类地位　葡萄粉蚧［*Pseudococcus maritimus*（Ehrhorn）］属半翅目粉蚧科，又名真葡萄粉蚧。

为害特点　该虫主要为害葡萄，还可以为害枣树、槐树、桑树等，是近年来葡萄上新发生的介壳虫种类，主要在我国新疆、山东等地发生。以若虫和雌成虫隐藏在老蔓的翘皮下，主蔓、枝蔓的裂区、伤口和近地面的根上等部位，集中刺吸汁液为害，使被害处形成大小不等的丘状突起。随着葡萄新梢的生长，逐渐向新梢上转移，集中在新梢基部刺吸汁液进行为害（图116）。受害严重的新梢失水枯死，受害偏轻的新梢不能成熟和越冬。叶腋和叶梗受害后叶片失绿发黄，干枯。果实的穗轴、果梗、果蒂等部位受害后（图117），果粒变畸形，果蒂膨大粗糙。葡萄粉蚧还会产生大量白色棉絮状蜡粉和蜜露引发二次病害，严重影响鲜食葡萄的质量和经济价值。此外，葡萄粉蚧对葡萄的另一个重要影响是传播葡萄卷叶病毒。

图116 雌成虫刺吸为害新梢

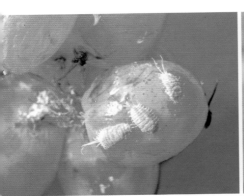

图117 若虫和雌成虫为害穗轴、果梗

形态特征

　　成虫：①雌成虫。无翅，体软，椭圆形，体长4.5～5.0毫米，暗红色，腹部扁平，背部隆起，体节明显，体前部节间较宽，特别是1～3节较宽，后部节间较窄，向尾部节间逐渐缩小，身披白色蜡粉，体周缘有17对锯齿状蜡毛，锯齿状蜡毛从头部到腹末逐渐增长，成熟的雌虫较大，肉眼可以看出虫体。产卵时分泌棉絮状卵囊，产卵于其中。②雄成虫。虫体暗红色，体长1.1毫米左右；翅展2毫米，白色透明，翅有2条翅脉，后翅退化成平衡棒；腹末有1对较长的白色针状蜡毛；触角线状且较长，足发达（图118）。

　　卵：暗红色，椭圆形，卵粒很小，长约0.3毫米，肉眼难以辨清。

　　若虫：初孵若虫长椭圆形，暗红色，虫体很小，触角和足发达，有

1对触角，3对足，触角线状，共6节。体分节不明显，背部无白色蜡粉，一龄若虫蜕皮后进入二龄若虫期，体上逐渐形成蜡粉和体节，随着虫体膨大，蜡粉加厚，体分节明显，体周缘逐渐形成锯齿状蜡毛，进入雌成虫期。一龄若虫雌雄无差异，蜕皮后雄虫化蛹（图119）。

蛹：紫红色，裸蛹。

图118　雄成虫

图119　若　虫

发生特点

发生代数	葡萄粉蚧在新疆1年发生3代，第二代和第三代有世代重叠现象
越冬方式	以若虫在老蔓翘皮下、裂开处和根基部分的土壤内群体越冬。秋季气温迅速下降的年份，出现极少数卵在卵囊内越冬的现象
发生规律	通常情况下，葡萄粉蚧的越冬代在5月中旬至6月初发育成熟，第一代葡萄粉蚧自6月中旬至7月孵化，然后逐渐爬至藤蔓、果实或树叶上取食。因此7～9月是葡萄粉蚧为害的主要时期，有世代重叠现象
生活习性	若虫群居性强，很活跃，开始并不分散为害

防治适期　　对葡萄粉蚧的防治目前没有简单有效的方法，只能先通过观测确定种群密度再采取措施。由于葡萄粉蚧有散布的特性，因此在某处发现少量葡萄粉蚧就可说明在葡萄园的其他地方也有葡萄粉蚧存在。葡萄粉蚧在葡萄的全生育期均可发生为害。该害虫的防治关键阶段有4个，第一阶段为3月中下旬葡萄出土上架后至成虫产卵前期，一般为3月中下旬至4月底，这段时间内防治适期为4月中旬；第二阶段为一代若虫孵化至成虫产卵前期，一般为5月中旬至7月上旬，这段时间内防治适期为6月下旬即若虫爬出活动期；第三阶段为二代若虫孵化到成虫产卵前期，一般为7

月上旬至8月下旬，这段时间内防治适期为8月中下旬即若虫爬出活动期；第四阶段为若虫孵化到葡萄树埋土之前，一般为9月中旬至11月中下旬，这段时间内防治适期为11月，即葡萄秋季修剪后埋土前。

防治措施

（1）**加强检疫**　该害虫主要靠苗木、果实运输传播，因此，运输苗木或果实前要加强检疫，防止葡萄粉蚧扩散蔓延。

（2）**农业防治**　加强葡萄园的管理，增施有机肥料，增强树势，提高抗虫能力；冬季清园、翻耕、结合修剪剪去虫枝，将葡萄园的杂草、落叶、枯枝、黄叶清除干净，集中烧毁，以减少越冬虫源；在5月中旬、9月中旬各代成虫产卵盛期人工刮除树皮，可消灭老皮下的卵。

（3）**生物防治**　葡萄粉蚧的自然天敌较多，如跳小蜂、黑寄生蜂等，尽量不要选择广谱性杀虫剂（如敌敌畏、辛硫磷等），避免伤及天敌。

（4）**药剂防治**　一般果园防治2次即可取得较好的防治效果。主要的药剂包括48%毒死蜱微乳剂、25%吡虫啉可湿性粉剂、25%啶虫脒可湿性粉剂、5%阿维菌素乳油、25%吡蚜酮悬浮剂等。由于葡萄粉蚧生长在树皮、枝节或根部，老式的农药喷雾器无法有效喷洒到这些位置，因此即使是采用了新型农药，也需要使用配套设备将药剂输送到葡萄粉蚧的发生部位，如在根部也可以采用滴灌或灌根等进行防治。

葡萄斑叶蝉

分类地位　葡萄斑叶蝉 [*Erythroneura apicalis*（Nawa）] 属半翅目叶蝉科。

葡萄斑叶蝉

为害特点　葡萄斑叶蝉除为害葡萄外，还可为害桃、梨、苹果、樱桃、山楂等果树。主要分布在我国新疆、甘肃、陕西、辽宁、河北、山东、河南、湖北、安徽、江苏、浙江及北京等省地区的葡萄产区，尤其在管理粗放的果园中发生严重。

葡萄斑叶蝉在葡萄整个生长季均可为害，以成虫、若虫群集于叶片背面刺吸汁液（图120）。一般喜在郁闭处取食，故先从枝蔓中下部老叶和内膛开始逐渐向上部和外围蔓延。叶片受害后，正面呈现密集的白色失绿斑点（图121），严重时叶片苍白、枯焦，严重影响叶片的光合作用、枝条

图120 成虫、若虫群集
于叶片背面刺吸
汁液为害

图121 正面呈现密集的白色失绿
斑点

生长和花芽分化，造成葡萄早期落叶，树势衰退。葡萄斑叶蝉所排出的粪便污染叶片和果实，造成黑褐色粪斑，影响当年及第二年果实的质量和产量。葡萄斑叶蝉在葡萄上常与葡萄二黄斑叶蝉（*Erythroneura sp.*Nawa）混合发生。

形态特征

　　成虫：体长2.9～3.3毫米，身体淡黄色。头顶上有两个明显的圆形斑点。复眼黑色，前缘有几个淡褐色小斑点，有时消失，中央有暗色纵纹。小盾片前缘左右各有一个三角形黑纹。腹部的腹节背面具黑褐色斑

图122　葡萄斑叶蝉成虫及若虫

块。足3对，其端爪为黑色。翅半透明，翅面斑纹大小变化很大，有的虫体斑纹色深，有的则全无斑纹，翅面颜色以黄色居多。雄虫色深，尾部有三叉状交配器，黑色，稍弯曲。雌虫色淡，尾部有黑色的桑葚状产卵器，其上有突起（图124）。

卵：长约0.6毫米，长椭圆形，呈弯曲状，乳白色，稍透明。

若虫：初孵若虫体长约0.5毫米，呈白色，复眼红色。二、三龄若虫呈黄白色，四龄若虫体呈菱形，体长约2毫米，复眼暗褐色，胸部两侧可见明显翅芽。刚蜕皮时体嫩，在叶背面不活动，受惊后活动很慢，稍后变快。

发生特点

发生代数	在新疆哈密、吐鲁番、阿图什等地区1年发生4代，在陕西关中、甘肃天水等地1年发生3代
越冬方式	以成虫在葡萄枝条老皮、枯枝落叶、石块、石缝、杂草丛等隐蔽场所越冬，越冬前体色变为褐色、橘黄色、绿色或土黄色
发生规律	每年发生4代区，成虫于10月下旬至11月上旬进入越冬场所，翌年2月下旬开始活动，随气温上升于3月中旬离开越冬场所，4月中旬左右越冬代成虫进入葡萄园为害，越冬代成虫的累计存活时间长达7.5个月以上。5月中旬第一代若虫开始孵化，5月底至6月初第一代成虫出现，此时越冬态成虫与夏型成虫混合发生，6月中下旬第二代若虫开始孵化，7月下旬第三代若虫孵化，8月下旬、9月上旬第四代若虫孵化，10月中下旬成虫开始迁入越冬场所进行越冬。 每年发生3代区，3月中旬成虫开始出蛰，4月上旬葡萄展叶后移至葡萄上为害取食。5月中旬为一代若虫盛发期，其后世代重叠。4月上旬至7月上旬为第一代成虫发生期，6月上旬至8月上旬为第二代成虫发生期，7月中旬至翌年4月中旬为第三代成虫发生期。10月中旬气温降低后，开始越冬。 葡萄斑叶蝉的空间分布还与温度变化关系密切。在春季平均气温为18～28℃时，种群分布于藤架中心部位；而夏季气温较高时（38～40℃），种群向藤架的中、底部转移；极端温度时，成虫在隐蔽的树下躲藏或在阴凉湿润的地表停留来避暑降温
生活习性	温度和湿度对成虫的活动能力有较大的影响。春、秋两季或气温低时成虫的活动能力弱、反应迟钝，而在凉爽的早晨交配次数多。干旱、温度较高时活动能力强，反应敏捷，不交配。夜晚喜欢在温度较高的地面上休息。若虫活动灵活，喜群集，怕光，喜欢在光线相对较弱的叶片背面的叶脉处取食，中部叶片受害较重，嫩叶上虫量极少、受害极轻

防治适期 葡萄斑叶蝉的防治应抓好3个关键时期。①抓好早春越冬代的防治。可于越冬代成虫产卵前对田边、地头、葡萄架下及葡萄枝蔓进行均匀喷雾。②狠抓第一代若虫的防治。③于葡萄斑叶蝉迁移到越冬场所前全面防治，以减少越冬虫源基数。

防治措施

（1）**农业防治** 加强栽培管理，及时施肥灌水，增施有机肥，提高葡萄自身的抗性。避免果园郁闭，在葡萄生长期及时抹芽、修剪、去副梢、摘心，使葡萄枝叶分布均匀、通风透光良好，可减轻葡萄斑叶蝉发生为害。春季出蛰前结合整地，均匀翻土，日光照射或覆4～5厘米厚的细土并压实，以阻碍叶蝉成虫的出蛰。葡萄生长期及时清除杂草，葡萄斑叶蝉产卵高峰期合理延长浇水间隔期、适当降低湿度，创造不利于其发生的生态条件。葡萄下架埋土后，清除果园内外落叶、杂草并集中处理，以减少越冬虫源。建园时应避免与苹果、梨等寄主混栽或邻栽，防止叶蝉迁移为害。果园内部和周围不种玉米、蔬菜以及匍匐类作物，以减少中间寄主。

（2）**生物防治** 中国叶蝉天敌种类丰富，共计300多种。应积极加强对自然天敌的保护和利用，选择对天敌较安全的选择性农药或生物制剂，并合理减少施用化学农药，保护、利用天敌昆虫来控制葡萄斑叶蝉的种群数量。

（3）**物理防治** 利用黄板防治葡萄斑叶蝉是一种事半功倍的防治措施，尤其是针对越冬代葡萄斑叶蝉，因其发生比较分散、早期虫口密度较低，大田喷药效果常不佳；另外农户庭院内葡萄架面较高，不易操作，通过黄板诱杀越冬代成虫，可大大降低虫口基数，减轻后期防治压力。具体的使用方法是：在葡萄的整个生长期均可使用，悬挂于架面靠近根部的第一或第二道铁丝上，与铁丝方向平行，黄板上端距离葡萄架面10厘米左右为宜，每公顷用量300～450块。当粘虫板粘满时，需要更换粘虫板或重新涂胶。目前有两种粘虫胶，一种10天左右需要重新涂一次，另一种30天左右需重新涂一次（适于在风沙较少的地区或温室中使用）。

（4）**化学防治** 在葡萄叶蝉发生期，可采用的防治药剂有45%高效氯氰菊酯乳油1 500倍液、48%毒死蜱乳油1 000倍液、20%啶虫脒乳油5 000倍液、70%吡虫啉乳油5 000倍液、25%噻虫嗪水分散粒剂10 000倍液、25%吡蚜酮悬浮剂5 000倍液。

　　除化学合成的农药之外，部分生物源农药对葡萄斑叶蝉也具有较好的控制作用，如0.3%印楝素乳油、60克/升乙基多杀菌素悬浮剂、5%天然除虫菊乳油和2.5%多杀菌素乳油。生物源药剂具有对环境、人畜和非靶标生物安全，不易产生抗性，环境兼容性好，易于保护生物多样性，来源广泛等优点，可与化学农药交替使用，作为减缓农药抗性产生的替代产品。

温馨提示

　　施药的时机和方法：宜在早晨或黄昏于葡萄斑叶蝉活动性弱时施药，要求喷洒均匀周到，尤其是叶背面也应均匀施药。喷雾防治时要先在葡萄园周围，后向中心地带聚集喷施，防止葡萄斑叶蝉向周边扩散为害，喷雾时喷头自下而上喷雾。

葡萄二黄斑叶蝉

分类地位　葡萄二黄斑叶蝉（*Erythroneura* sp. Nawa）属半翅目叶蝉科。

为害特点　葡萄二黄斑叶蝉与葡萄斑叶蝉在葡萄上常常混合发生，为害特点同葡萄斑叶蝉。

形态特征

　　成虫：有黄白型和红褐型两型，胸腹部的颜色分别呈黄白色和红褐色。成虫胸腹部颜色有变化，越冬代成虫胸腹部均为黄白色。体长约3毫米，头顶前缘有两个黑色小圆点，复眼黑色或暗褐色，前胸背板中央具暗色条纹，前缘有3个黑褐色小斑点。小盾片淡黄白色，前缘左右各有1个较大黑褐色斑点。前翅表面暗褐色，后缘各有近半圆形的淡黄色区两处，两翅合拢后在体背可形成两个近圆形的淡黄色斑纹（图123A ～ C）。

　　卵：与葡萄斑叶蝉的卵相似（图123D）。

　　若虫：末龄若虫体长约1.60毫米，紫红色，触角、足体节间、背中线淡黄白色，体较短宽，腹末几节向上方翘起（图123E ～ I）。

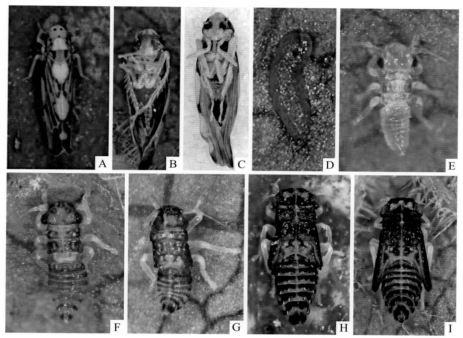

图123 葡萄二斑叶蝉形态特征

A.成虫背面观 B.成虫腹面观（红褐型） C.成虫腹面观（黄白型） D.卵 E.一龄若虫
F.二龄若虫 G.三龄若虫 H.四龄若虫 I.五龄若虫

（扈丹，2014）

发生特点

发生代数	山东、陕西关中地区1年发生3～4代
越冬方式	以成虫在杂草、枯叶等隐蔽处越冬
发生规律	越冬成虫于4月中下旬产卵，5月中旬开始出现一代若虫，5月底至6月上旬出现第一代成虫，以后世代重叠。第二代成虫以8月上中旬发生最多，以此代为害较盛。第三、四代成虫主要于9月、10月发生，10月中下旬陆续越冬
生活习性	成虫具趋光性，活泼擅跳，横向爬行迅速，受惊动极易起飞和躲避。产卵时，雌虫先用产卵器割破皮层，深至木质部，形成产卵槽。成虫产卵于叶背主叶脉和叶片边缘表皮下，主叶脉处居多且肉眼不易观察，常在表皮下形成一突起，孵化后叶表皮产卵部位形成一黑褐色疤痕。初龄若虫有群集性，横向爬行，多群集在叶背叶脉边缘吸食汁液，且活动较慢，具有避光性。从三龄开始，若虫开始活跃，遇到惊动则迅速横向爬行躲避

防治适期 同葡萄斑叶婵。

防治措施 同葡萄斑叶蝉。

斑衣蜡蝉

分类地位 斑衣蜡蝉 [*Lycorma delicatula*（White）] 属半翅目蜡蝉科，又名椿皮蜡蝉。

为害特点 斑衣蜡蝉在我国各个葡萄产区均广泛分布。以成虫、若虫群集在叶背、嫩枝上刺吸为害，病叶有淡黄色斑点，严重时叶片穿孔、破裂；病枝黑色，易发生煤污病或嫩梢萎缩畸形（图124），影响植株的生长和发育，严重时引起表皮枯裂，甚至死亡。在北方葡萄产区发生频繁，但为害不重。

图124 斑衣蜡蝉为害嫩梢，使其萎缩畸形

形态特征

成虫：体长15～20毫米，翅展40～55毫米，翅上覆白色蜡粉。头向上翘，触角3节，刚毛状，红色，基部膨大。前翅革质，基部淡灰褐色，分布20个左右的黑点，端部黑色，脉纹色淡。后翅基部红色，有8个

左右黑褐色斑点，中部白色半透明，端部黑色。后翅基部1/3为红色，中部白色，端部黑色（图125）。

图125　斑衣蜡蝉成虫

　　卵：一般为卵块，一个卵块由40 ～ 50粒卵整齐排列，表面有蜡粉（图126）。单个卵为椭圆形，长约3毫米，褐色，形似麦粒，表面覆盖灰褐色蜡粉。

　　若虫：形似成虫，头尖、足长、身体扁平，初孵化时为白色，后变为黑色，体表有许多小白点。四龄若虫体背呈红色，具有黑白相间的斑点（图127）。

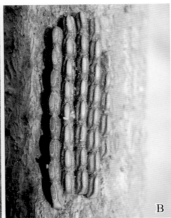

图126 卵 块
A.初产的卵块 B.即将孵化的卵块 C.已孵化的卵块

图127 若 虫
A.初孵若虫 B.四龄若虫

发生特点

发生代数	1年发生1代
越冬方式	以卵在枝杈或附近建筑物上越冬
发生规律	5月中下旬后陆续孵化为若虫，6月中旬后出现成虫，8月成虫交尾产卵，直到10月下旬。成虫寿命长达4个月，为害至10月下旬陆续死亡。8～9月为害最严重。 　　斑衣蜡蝉的发生与气候有很大的关系，若8月、9月雨量特别多、湿度高、温度低、冬天开始早，斑衣蜡蝉因来不及产卵而早死，同时因雨量增加，植物汁液稀薄，营养降低，影响产卵量，使翌年虫口数量下降。反之，若秋季雨水少，则第二年易酿成灾害
生活习性	若虫和成虫均有群集习性，飞翔能力较弱，但善于跳跃，受到惊吓后猛然跳起，一次跳跃可达1～2米。若虫有假死性，成虫多产卵于树枝阴面

防治适期　春季5月，大部分刚孵化的若虫喜欢聚集在嫩梢上为害取食，且此时龄期小，抗药性不强，是防治的最佳时期。

防治措施

（1）**减少虫源**　种植混交林，果园内及附近不种植臭椿、苦楝等喜食性寄主树木，以减少虫源，减轻为害。

（2）**消灭卵块**　结合冬春修剪和果园管理，剪除有卵块的枝条或刷除卵块。产卵期成虫行动迟缓，可在清晨气温较低时人工捕捉成虫，可有效地减少产卵基数。

（3）**生物防治**　利用天敌——螯蜂和平腹小蜂，也能对其起到一定的抑制作用。

（4）**化学防治**　防治关键时期为幼虫和成虫发生盛期，可喷2.5%吡虫啉可湿性粉剂1 000～2 000倍液、3%啶虫脒乳油2 000～2 500倍液、2.5%高效氯氰菊酯乳油2 000倍液、4.5%溴氰菊酯乳油2 000倍液、80%敌百虫可湿性粉剂800～1 000倍液等。

葡萄缺节瘿螨

　　葡萄缺节瘿螨为单食性害虫，仅为害葡萄，是我国葡萄害螨的重要种类之一。

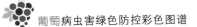

分类地位 葡萄缺节瘿螨 [*Colomerus vitis* (Pagenstecher)]，又名葡萄瘿螨、葡萄锈壁虱等，属蛛形纲真螨目瘿螨科。

为害特点 该虫主要为害葡萄叶部，被害植株叶片萎缩，发生严重时也能为害嫩梢、幼果、卷须、花梗等。叶片受害，以小叶和新展叶片受害重，最初叶背出现许多不规则的白色病斑（图128），后逐渐扩大，叶表隆起呈泡状（图129），叶背凹陷处密生一层很厚的白色茸毛（图130），似

图128 叶背出现许多不规则的白色病斑

图129 叶表隆起呈泡状

毛毡，故称毛毡病。茸毛初为白色，后渐变为茶褐色（图131），病斑边缘常被较大的叶脉限制而呈不规则形。受害严重时，病叶皱缩、变硬、凹凸不平，甚至干枯破裂，使叶片早期脱落，严重影响葡萄的营养积累，使树体衰弱。花梗、嫩果、嫩茎、卷须受害后其上面也产生茸毛。枝蔓受害时，常肿胀成瘤状，表皮龟裂。

图130 叶背凹陷处密生的白色茸毛

图131 茸毛变为茶褐色

形态特征

成螨（图132）：①雌成螨。圆锥形，体型似蛆，白色。具多数环节，体长0.1～0.3毫米，宽约0.05毫米，体呈淡黄色或浅灰色。近头部有足2对，爪呈羽状，具5个侧枝。头胸背板呈三角形，背中线长，为背板长的1/3，略呈波纹状，亚背线数条，背毛瘤小，位于背板后缘，背毛伸向前方或斜向中央。腹部长，体腹面有1对侧毛和3对腹毛，尾部两侧各有1根细长刚毛。生殖器位于后半体的前端，其生殖盖有许多纵肋，排成二横排。②雄成螨。体形与雌螨相似，体型略小。

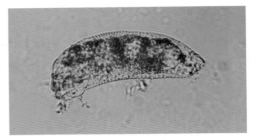

图132　成　螨

若螨：共2龄，与成螨相似，体型较小。

卵：椭圆形，淡黄色，长约0.03毫米。

发生特点

发生代数	在我国发生代数尚不明确，大部分记载为1年3代，且世代重叠现象严重
越冬方式	以雌成螨越冬，越冬场所主要集中在葡萄芽苞鳞片内，尤其是一年生枝条上的芽苞越冬虫口最多，其次是树皮裂缝、土缝中
发生规律	每年春、秋为害严重，夏季高温多雨时对其发育不利，虫口数量有下降趋势，落叶前开始进入越冬场所准备过冬。以5～6月为害最重，9月以后潜入芽内越冬。 适宜的温度范围为22～25℃，相对空气湿度为40%。7～8月高温对其种群有抑制作用。刮风和降雨对种群数量影响不大，但是可以加速种群的田间扩散
生活习性	主要以孤雌生殖为主，也进行两性生殖。春季葡萄发芽后，瘿螨由芽内爬出，随即钻入叶背茸毛底下吸取汁液，叶背受害处由于虫体分泌物的刺激而下陷，并产生毛毡状茸毛，以保护虫体进行为害。雌螨将卵产于茸毛间，若螨和成螨均在毛斑内取食活动。由于葡萄缺节瘿螨喜食嫩叶，因此随着新梢生长由下逐渐向上蔓延，使新梢发育不良，影响产量和质量

防治适期

根据其发生特点，应重点做好冬防和春防，压低虫口基数，将螨害控制在初发阶段。

防治措施

（1）**冬前防治**　越冬前，彻底做好清园工作，将修剪下的枝条、落叶、翘皮等收集携出园外并集中处理。在葡萄生长季节，若发现有被害叶时，应立即摘掉烧毁或深埋，以免虫害继续蔓延。

（2）**早春防治**　早春葡萄叶膨大吐茸时，喷3～5波美度石硫合剂（加0.3%洗衣粉），以杀死潜伏芽内的螨。这是当年第一个防治关键期，喷药一定要细致均匀。若历年发生严重，在葡萄发芽及展叶后喷0.3～0.5波美度石硫合剂、50%硫悬浮剂300倍液、45%晶体石硫合剂300倍液、15%哒螨灵乳油3 000倍液、5%噻螨酮2 000倍液、48%毒死蜱1 500倍液或2.5%氯氟氰菊酯乳油3 000～4 000倍液。

（3）**苗木消毒**　葡萄缺节瘿螨扩散能力弱，远距离扩散主要依靠苗木、插条的运输。因此，若从葡萄缺节瘿螨发生地区引入苗木，在定植前必须用温汤消毒，即把插条或苗木先放入30～40℃热水中浸5～7分钟，再移入50℃热水中浸5～7分钟，可杀死潜伏的葡萄缺节瘿螨。

（4）**释放捕食螨**　在葡萄缺节瘿螨的发生高峰期释放捕食螨，尤其是植绥螨属的捕食螨，可以有效控制葡萄缺节瘿螨的虫口密度。

（5）**生长季防治**

①摘除受害叶片。葡萄缺节瘿螨扩散速度慢，在发生初期及时摘除受害叶片、集中销毁，可有效降低虫口数量。

②科学用药。首选使用生物源杀虫剂和无机杀虫剂，最大限度地减轻对害虫天敌的伤害，以充分发挥天敌昆虫的自然控制作用。推荐使用药剂有10%浏阳霉素乳油、24%螺螨酯悬浮剂、20%哒螨灵可湿性粉剂、1.8%阿维菌素乳油等。

温 馨 提 示

　　葡萄缺节瘿螨主要在葡萄叶背吸食汁液，并刺激叶片产生毛毡状物，因此，喷施各种药剂时必须周密均匀，要使植株的叶面、叶背都均匀附着药液，以保证防治效果。

葡萄短须螨 ·····························

分类地位　葡萄短须螨（*Brevipalpus lewisi* Mc Gregor）属蛛形纲真螨目叶螨总科细须螨科，又称刘氏短须螨、橘短须螨。

为害特点 以成螨及幼螨、若螨刺吸为害，葡萄藤的所有绿色部分均可遭受其害。在葡萄叶片上，主要在叶片背面靠近主脉和支脉处取食，随新梢生长可逐渐上移，叶片被害后失绿变黄，严重时枯焦脱落。新梢、叶柄、果梗、穗梗被害后，表皮产生褐色或黑色颗粒状突起（图133），俗称"铁丝蔓"，组织变脆，极易折断。果粒前期被害后，果面呈浅褐色锈斑，果皮粗糙硬化（图134），有时从果蒂向下纵裂；果粒后期受害时影响果实

图133　新梢被害状

图134　果实被害状

着色，且果实含糖量明显降低，酸度增高，严重影响葡萄的产量和质量。

形态特征

成螨（图135）：①雌成螨。椭圆形，体背中央呈纵向隆起，后部末端上下扁平，红色或暗红色（越冬型雌成螨浅褐色）；体长约296微米，体宽约155微米。②雄成螨。体形与雌成螨相似，个体略小。

卵：圆形，鲜红色，有光泽，长约40微米，宽约30微米。

幼螨：体鲜红色，体长130～150微米，宽60～80微米。足3对，白色。体两侧各有2根叶状刚毛；腹部末端周缘有4对刚毛，其中第三对为针状的长刚毛，其余为叶状刚毛。

若螨：体淡红色或灰白色，后部扁平。

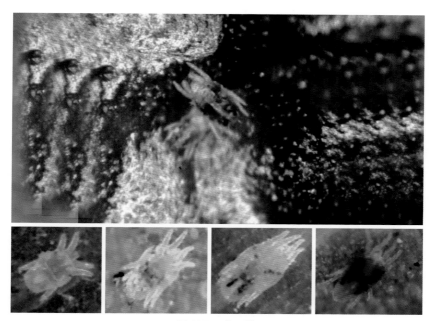

图135　成　螨

发生特点

发生代数	在我国北方1年发生6代以上
越冬方式	以雌成螨聚集在多年生枝蔓的裂皮下、芽鳞茸毛内、叶痕处越冬

（续）

发生规律	越冬雌成螨在翌年于4月中下旬出蛰，开始大多停留在多茸毛的嫩梢基部为害刚展叶的嫩梢，约半个月后开始产卵（4月底至5月初）。随着新梢的生长，逐渐向上蔓延，开始为害叶柄和叶片，坐果后，可扩散到穗柄、果梗、果实为害。10月底开始向越冬部位转移，11月中旬完全隐蔽越冬。该螨在7～8月高温高湿条件下大量繁殖，危害严重。夏季是繁殖高峰期。进入秋季即出现浅褐色越冬雌成螨，秋末全部转移到越冬场所越冬
生活习性	在叶片上，虫体大多集中在叶片背面的基部和叶脉的两侧。成虫有吐丝习性，但丝量很少。卵孵化后经历幼螨、若螨和成螨3个虫态，每次蜕皮前不食不动，静止1～2天后开始蜕皮。雌成螨的衰亡一般出现在产卵后20天左右

防治适期 预防为主，消灭越冬虫源，萌芽期喷药防治。

防治措施

（1）**清洁果园** 入冬前或春天葡萄出土上架后，由枝条上部向下检查，去除枯枝和翘起的裂皮，连同地上的落叶一同烧毁或深埋，以消灭在越冬雌成螨。每年春、秋季清洁2次果园的效果好于每年清洁1次。

（2）**加强田间管理** 高温高湿有利于葡萄短须螨繁殖、为害。生长季节结合田间管理，合理修剪，及时去除中下部老叶，改善葡萄棚架的通风透光条件，降低温湿度，可有效抑制该螨的大量发生。

（3）**保护利用天敌** 在使用农药时，要尽量从生态系统整体出发，选择对天敌影响小、对人畜安全、污染小的农药，以充分发挥天敌昆虫的自然控制作用。目前，西方盲走螨等捕食螨已经通过人工饲养实现工厂化生产，可通过田间释放控制其种群数量。

（4）**化学防治** 春季葡萄发芽时，用3波美度石硫合剂混加0.3%洗衣粉进行喷雾处理，可铲除越冬雌螨；葡萄短须螨大发生时，可喷施20%哒螨灵乳油2 000倍液、72%炔螨特乳油2 500倍液或1.8%阿维菌素乳油2 000倍液防治。

葡萄蓟马

分类地位 葡萄蓟马（*Thrips tabaci* Lindeman）又叫烟蓟马或葱蓟马，属缨翅目蓟马科。葡萄蓟马在我国分布很广、寄主种类很多，除为害葡萄外，还为害苹果、李等及多种农作物和蔬菜。

为害特点　葡萄蓟马以成虫和若虫刺吸葡萄的嫩梢和叶片等部位的汁液为害。严重时新梢生长受到抑制，叶片变小，卷曲成杯状或畸形，有时出现穿孔（图136）。幼果被害，初期在果面形成小黑斑（图137），随着幼果的增大而成为木栓化的褐色锈斑（图138），甚至裂果，降低商品的价值。

图136　叶片畸形、穿孔

图137　幼果果面形成小黑斑

图138 病斑木栓化

形态特征

成虫：体长1～2毫米，虫体细长，淡黄色至褐色，背面色略深，复眼紫红色，单眼3个，三角形排列（图139）。

图139 成虫（具缨状翅）

卵：初期为肾形，后变卵圆形，长约0.29毫米，后期为黄白色。

若虫：共4龄，体长1.2～1.6毫米，淡黄色，形态与成虫相似，无翅，但有明显的翅芽，胸、腹部有微细的褐点，点上生粗毛（图140）。

图140 若虫（具翅芽）

发生特点

发生代数	在我国华北地区1年发生6～8代，华南地区1年发生20代以上
越冬方式	一般以成虫和若虫潜伏在枯枝落叶、杂草、土中越冬
发生规律	葡萄展叶后开始为害，以5月为害较重，10月以后明显减轻，有时在葡萄上为害一段时间后迁到杂草、葱或其他果树上为害
生活习性	成虫活跃，能飞善跳，便于迁移扩散。葡萄蓟马怕光，喜欢在阴面为害，一般温度25℃以下、相对湿度60%以下有利于其发生，高温、高湿不利于其发生。葡萄蓟马多行孤雌生殖，很少见到雄虫，卵多产于叶背皮下和叶脉内，卵期6～7天，初孵若虫不太活泼，集中在叶背和叶脉两侧活动，长大后分散开来

防治适期　预防为主，消灭越冬虫源，发生初期喷药防治。

防治方法

（1）**清除虫源**　冬季彻底清园，铲除田边的杂草，消灭越冬的虫源。

（2）**保护利用天敌**　葡萄蓟马的天敌有小花蝽和姬猎蝽。

（3）**化学防治**　发生初期可喷洒50%杀螟松乳油1 000倍液、20%杀灭菊酯乳油2 500倍液或1.8%阿维菌素乳油3 000倍液。

白星花金龟

分类地位　白星花金龟［*Potosia brevitaris*（Lewis）］属鞘翅目花金龟科。

为害特点　幼虫为腐食性，一般不为害植株。通常以成虫取食植物的幼叶、芽、花和果实，以群集为害成熟的果实为主，可造成果实腐烂，失去商品性。也可在果树树干或杨树、柳树、榆树树干烂皮等处吸食汁液，树干四周留存大量的分泌物，既影响生长，又影响美观。在葡萄上，花期和成熟期是其两个重要为害时期，在花期造成大量落花，使花序不整齐，不能形成商品穗型或失去整个花序；转色后的成熟期，白星花金龟取食成熟果粒，使整个果穗失去价值，并且酸味加重（图141）。

形态特征

　　成虫：体型中等，体长17～24毫米，体宽9～12毫米。前胸背板、鞘翅和臀板上有白色绒状斑纹；前胸背板具不规则的白绒斑，背面较平，体较光亮，多为古铜色或青铜色。后足基节后外端角齿状；足粗壮，膝部有白绒斑，前足胫节外缘有3个齿，跗节具2个弯曲爪（图142）。

图141　白星花金龟为害果实

图142　成　虫

卵：呈圆形或椭圆形，长1.7～2.0毫米，乳白色（图143）。

幼虫：体长24～39毫米，头部褐色，胸足3对，短小，胴部乳白色，肛腹片上具2纵列U形刺毛，每列19～22根，体弯曲呈C形（图144）。

蛹：裸蛹，体长20～23毫米，初黄色，后渐变为黄褐色。蛹外包以土室，土室长2.6～3.0厘米，椭圆形，中部一侧稍突起（图145）。

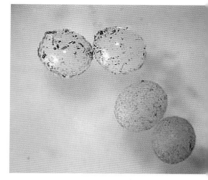

图143　卵

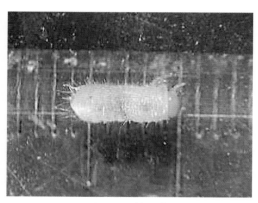

图144　幼　虫

图145　土　室

发生特点

发生代数	1年发生1代
越冬方式	以幼虫在土壤内越冬
发生规律	成虫于5月上旬开始出现，产卵盛期在6月上旬至7月中旬，成虫寿命为92～135天，6～7月为羽化盛期，也是为害盛期，但不同作物的为害盛期有差异。一般在7月中旬至9月葡萄成熟期为害，一般9月下旬成虫开始减少，陆续入土
生活习性	成虫在种植苹果、梨、桃、杏、葡萄的果园内可昼夜取食活动；成虫的迁飞能力很强，能飞5～30米，最多能飞50米以上；具有假死性、趋化性、趋腐性、群聚性，没有趋光性。幼虫群生，不能行走，将体翻转借助体背体节的蠕动向前行走，不为害寄主的根部

防治适期 因白星花金龟的为害期为果实成熟期，使用化学农药防治易产生农药残留，且该虫虫体大、甲壳硬、飞翔能力强，一般化学喷雾防治效果不理想，因此，在生产上不提倡采用化学农药喷雾防治。白星花金龟主要以幼虫在有机粪肥中越冬，加强对有机粪肥的处理是防治白星花金龟的基础，同时越冬幼虫期也是防治适期。加强为害期的诱集工作，可大幅度降低当年和来年种群数量。

防治措施

（1）**清洁果园** 将果园内的枯枝落叶清扫干净并集中烧毁，尽量减少白星花金龟的越冬场所。深翻树间园土、减少越冬虫源。

（2）**诱杀** 对树冠比较高大的果园，可在地上铺一张塑料布，借助白星花金龟成虫的假死性，用竹竿振落，集中杀死。在成虫发生盛期，将白酒、红糖、食醋、水、90%敌百虫晶体按1：3：6：9：1的比例配成糖醋液，放在树行间诱杀害虫。利用白星花金龟成虫群集为害的特性，把细口瓶挂在果树上，适宜高度为1～1.5米，瓶内放入2～3个白星花金龟成虫，诱集到半瓶以上时倒出来集中销毁，一般情况下，每株果树上挂2个瓶。利用白星花金龟的趋腐性，在发生严重的果园四周放置腐烂秸秆、树叶、鸡粪、大粪、腐烂果菜皮等有机肥若干堆，每堆内再倒入100～150克食用醋、50克白酒，定期向内灌水，每10～15天翻查1次粪堆，可捕杀到大量白星花金龟成虫、幼虫、卵及其他害虫，可有效减轻为害。

（3）**果实套袋** 葡萄套袋可减少白星花金龟为害，但不能避免；可以直接套尼龙网袋或在纸袋外再套尼龙网袋。

（4）**科学施肥** 避免施用未腐熟的厩肥、鸡粪等，施用腐熟的有机肥，能减轻白星花金龟对作物的为害；白星花金龟对氨敏感，施用碳酸铵、腐殖酸铵、氨水、氨化过磷酸钙、氢铵等含有氨的肥料，可有效地减轻其为害。

（5）**药剂处理粪肥** 在沤制圈肥、厩肥等有机质的时候，可浇入50%辛硫磷1000倍液，每15～30天浇1次，可杀死粪肥中的大量幼虫。

（6）**药剂处理土壤** 在幼虫发生地，于4月下旬至5月上旬，成虫羽化盛期前用3%辛硫磷颗粒剂或3%氯唑磷颗粒剂2～6千克，混细干土50千克，均匀地撒于地表，深耕耙20厘米，可杀死即将羽化的蛹及幼虫，也可兼治其他地下害虫。

（7）**药剂喷雾** 在白星花金龟成虫为害盛期，喷施50%辛硫磷乳油1000倍液、25%喹硫磷乳油1000倍液、80%敌百虫可溶性粉剂1000倍液、

48%毒死蜱乳油1 500倍液、20%甲氰菊酯乳油1 500倍液，也可用50%辛硫磷1 000倍液与5%高效氯氰菊酯1 000倍液混合喷雾防治。

铜绿丽金龟

分类地位　铜绿丽金龟（*Anomala corpulenta*）属鞘翅目花金龟科。

为害特点　幼虫为害葡萄的根系，使寄主植物的叶片枯黄甚至整株枯死。以成虫聚集为害葡萄的花穗、幼果和嫩叶，造成大量落花落果，影响产量。嫩叶被害后形成若干孔洞，常导致整株果树的叶片残破不全（图146），为害严重时影响光合作用。

图146　铜绿丽金龟为害叶片

成虫：体长19～21毫米，宽9～10毫米。体背铜绿色，有光泽。前胸背板两侧为黄绿色，鞘翅铜绿色，有3条隆起的纵纹（图147）。

卵：白色，初产时长椭圆形，后逐渐膨大为近球形，长约2毫米，卵壳光滑。

幼虫：长约40毫米，头黄褐色，体乳白色，身体弯曲呈C形。

蛹：裸蛹，椭圆形，淡褐色。

图147　成　虫

发生特点

发生代数	1年发生1代
越冬方式	以三龄幼虫在土内越冬
发生规律	春季土壤解冻后，越冬幼虫开始上升移动，5月中旬前后继续为害一段时间后，取食农作物和杂草的根部，然后幼虫做土室化蛹，6月初成虫开始出土，为害严重的时间集中在6月至7月上旬，7月以后，虫量逐渐减少，为害期为40天。成虫多在傍晚6:00～7:00时飞出进行交配产卵，8:00开始为害，直至凌晨3:00～4:00时飞离果园重新到土中潜伏。成虫于6月中旬产卵于果树下的土壤内或大豆、花生、甘薯、苜蓿地里，雌虫每次产卵20～30粒，7月间出现新一代幼虫，取食寄主植物的根部，10月中上旬幼虫在土中开始下迁越冬
生活习性	成虫趋光性强，寿命约30天，有多次交尾及假死习性，白天隐伏于地被物或表土中，黄昏出土后多群集为害。成虫喜欢栖息在疏松、潮湿的土壤中，潜入深度一般为7厘米左右

防治适期　一年中春、秋两季均是为害盛期

防治措施

（1）**捕杀成虫**　利用成虫群集为害的习性，在成虫每天上午、下午的活动盛期，振落枝蔓捕杀成虫。

（2）**深耕土地**　收获后深耕土地，杀死一部分越冬幼虫，减少来年虫口数量。

（3）**果园管理**　在果园内尽量不种大豆、花生、甘薯、苜蓿，不施未经腐熟的有机肥。

（4）**诱杀成虫**

①黑光灯诱杀。利用趋光性诱杀成虫，铜绿丽金龟成虫趋光性很强，可用黑光灯诱杀，晚间8:00～10:00时开灯即可。

②糖醋液诱杀。铜绿金龟成虫对糖醋液有明显的趋性。在成虫发生盛期，将白酒、红糖、食醋、水、90%敌百虫晶体按1：3：6：9：1的比例配成糖醋液，放在树行间诱杀害虫。

（5）**土壤处理**　于地面每公顷撒施5%辛硫磷颗粒剂约30千克，施后将药浅耙入土，可对幼虫有较好的防治效果。

（6）**成虫发生期喷药防治**　使用的药剂有20%甲氰菊酯乳油1 500倍液、2.5%溴氰菊酯乳油2 000倍液、20%氰戊菊酯乳油1 500倍液或10%高效氯氰菊酯乳油3 000倍液等。

葡萄虎天牛 ···

分类地位　葡萄虎天牛（*Xylotrechus pyrrhoderus* Bates）属鞘翅目天牛科。

为害特点　以幼虫蛀枝蔓为害，初孵幼虫多从芽基部蛀入茎内，多向基部蛀食，隧道内充满虫粪而不排出；有时将枝横向切断，枝头断落，影响树势（图148）。每年5～6月会大量出现新梢凋萎的断蔓现象，对葡萄生产影响较大。

图148　被害枝蔓

形态特征

成虫：体长16～28毫米，体黑色。前胸红褐色，略呈球形；翅鞘黑色，两翅鞘合并时基部有X形黄色斑纹。近翅末端又有1条黄色横纹（图149）。

卵：椭圆形，长约1毫米，一端稍尖，乳白色。

幼虫：体长约17毫米，淡黄白色，疏生细毛。头小，无足；前胸宽大，背板淡褐色，后缘有"山"字形细凹纹；胴部第2～10节背、腹面具泡突（图150）。

蛹：长10～15毫米，初为淡黄白，后颜色逐渐加深，羽化前与成虫相似（图151）。

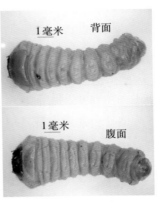

图149 成虫　　　　图150 幼虫　　　　图151 蛹

发生特点

发生代数	1年发生1代
越冬方式	以幼虫在葡萄枝蔓内越冬
发生规律	翌年5～6月开始为害，有时将枝横向切断，向基部蛀食。7月老熟幼虫在被害枝蔓内化蛹，蛹期10～15天，8月为羽化盛期。成虫白天活动，寿命为7～10天。卵散产于芽鳞、芽腋和叶腋的缝隙处，卵期7天左右。秋后以低龄幼虫在11月开始越冬
生活习性	初孵幼虫多从芽部蛀入茎内，粪便排于隧道内而不排出茎外，故不易发现。落叶后在节的附近，被害处表皮变黑，易于识别

防治适期　预防为主，消灭越冬虫源，狠抓成虫期的防治，化幼虫蛀入后的被动防治为蛀入前的主动防治。

防治措施

（1）**剪除有虫枝**　葡萄冬剪埋土前和春季出土后，发现枝条发黑即剪除，带出园外深埋或烧毁。

（2）**化学防治**

①毒杀幼虫。用注射器向虫孔内注射50%敌敌畏100～200倍液，然后用泥封堵虫孔，将幼虫熏死。

②虫卵孵化发生高峰期的防治。喷施2.5%溴氰菊酯悬浮剂1 500～2 000倍液。

③虫害发生高峰期的防治。用40%毒死蜱微乳剂1 500～2 000倍喷雾防治，用药安全间隔期为30天，每季最多使用2次。成虫产卵期喷90%敌百虫500倍液或50%敌敌畏乳油1 000倍液，安全间隔期10天。

葡萄透翅蛾

葡萄透翅蛾

分类地位　葡萄透翅蛾［*Sciapteron regale* Butler］属鳞翅目透翅蛾科，又名葡萄透羽蛾。

为害特点　葡萄透翅蛾在国内分布广泛，各个葡萄产区均有发生；在国外则分布于日本和朝鲜。主要的寄主植物为葡萄，其次为苹果、梨、桃、杏、樱桃等，是葡萄上的主要蛀干害虫之一。

主要以幼虫为害葡萄一至二年生枝蔓，初孵幼虫蛀入嫩梢，蛀食髓部，使嫩梢枯死（图152）。幼虫长大后，转移到较粗大的枝蔓为害，被害部位肿大，呈瘤状，蛀孔处有褐色粒状粪便（图153），枝蔓易枯折，其上叶片变黄枯萎，果穗萎蔫，容易脱落。轻者树势衰弱，产量和品质下降，重者可致使大部分枝蔓干枯，甚至全株死亡。

图152　嫩梢枯死（引自　赵奎华）

形态特征

成虫：体长18～20毫米，翅展30～38毫米，全体黑褐色，带蓝色光泽。前翅红褐色，前缘及翅脉黑色，中央半透明。后翅半透明，后缘黑色。腹部背面有3条黄色横带，第4腹节中央的一条最宽，第6节后缘的次之，第5节的最细。雄蛾腹部末端左、右各有1束长毛丛（图154）。

图153　蛀孔处有褐色粒状粪便
（引自　赵奎华）

卵：长约1.1毫米，椭圆形，略扁平，紫褐色。

幼虫：老熟幼虫体长约38毫米，头红褐色；胴部黄白色，带紫红色（图155）。

图154　成　虫

图155　幼　虫

发生特点

发生代数	我国各地均1年发生1代
越冬方式	老熟幼虫在受害枝蔓内越冬
发生规律	翌年4月底5月初，越冬幼虫开始化蛹。5～6月成虫羽化。在7月上旬之前，幼虫在当年生的枝蔓内为害；7月中旬至9月下旬，幼虫多在二年生以上的老蔓中为害。10月以后幼虫进入老熟阶段，继续向植株老蔓和主干集中，在其中短距离地往返蛀食髓部及木质部内层，使孔道加宽，并刺激为害处膨大成瘤，形成越冬室，之后老熟幼虫便进入越冬阶段
生活习性	成虫有趋光性，喜在背风、气温偏高的庭院枝叶层中栖息、交配、产卵。成虫大部分在晴天中午之前羽化，卵多散产，个别2～4粒卵产在一起。长势旺盛、枝叶茂盛的植株上卵量较多。幼虫发育历期可长达300余天

防治适期 葡萄透翅蛾的防治适期应在成虫产卵期或卵孵化盛期，此时成虫和卵均直接暴露于外界环境中，便于采取防治措施，且未对葡萄产生严重为害。具体的防治时间为葡萄谢花后，初孵幼虫蛀入嫩梢出现紫红斑时。

防治措施

（1）**加强果园管理** 加强果园肥水管理，合理修剪，保持树体良好的通风透光性，提高树体的抗病虫能力。结合冬季整形修剪，及时剪除被害枝蔓并集中销毁，以消灭越冬幼虫，降低虫口基数。

（2）**生物防治** 成虫羽化前设置性诱剂诱捕器大量诱杀雄蛾，降低田间落卵量及卵的受精率。同时可以定时检查蛾量，指导化学防治。

（3）**物理防治** 葡萄透翅蛾成虫具有趋光性，可以使用频振式杀虫灯或普通黑光灯诱杀成虫。同时成虫具有强烈的趋化性，可在成虫羽化盛期使用糖、醋、酒混合液进行诱杀。成虫数量也可作为下一代幼虫发生时间预测的重要依据。

在被害枝蔓上找到幼虫的排粪孔，大部分幼虫位于排粪孔的上方，使用铁丝从蛀孔处导入较粗枝条的髓部将其刺杀，然后涂抹药剂保护伤口，并用绳索将伤口扎紧。

（4）**化学防治** 每年5～10月葡萄透翅蛾幼虫为害期间，可用浸有80%敌敌畏乳油100～200倍液的棉签塞入虫孔，或用注射器将80%敌敌畏乳油1 000～1 500倍液注入虫孔，然后用泥土封堵虫孔。也可用毛刷蘸取2.5%敌百虫乳油500倍液在排粪孔或木屑排出部位涂抹2～3次，防效也很好。

葡萄盛花期是成虫的发生盛期，可于花后3 ~ 4天喷布20%速灭杀丁乳油2 000 ~ 3 000倍液、10%氯氰菊酯乳油2 000 ~ 3 000倍液或50%杀螟硫磷乳油1 000 ~ 1 500倍液。

易混淆虫害

葡萄透翅蛾和葡萄虎天牛均以幼虫蛀食枝蔓为害，受害枝蔓风吹易折甚至枯萎，果粒和叶片干枯或脱落。但两者羽化时期与产卵部位不同，幼虫为害部位与为害状存在差异。

特征	葡萄虎天牛	葡萄透翅蛾
羽化时期	葡萄封穗至转色期(7月上旬至8月下旬)	葡萄开花前后（5月中旬至6月）
产卵部位	当年生新梢芽鳞包缝内或芽与叶、芽与枝蔓的夹缝间	当年生新梢的腋芽基部或嫩茎上
为害部位	初孵幼虫先蛀入新梢的皮下为害，渐蛀入髓部，以低龄幼虫越冬，翌年5月向幼嫩枝蔓蛀食为害	初孵幼虫先直接蛀入新梢的髓部为害，随着食量的增加，逐渐转向二年生及以上的老枝蔓为害，以老龄幼虫越冬
为害状	虫粪不排出蛀孔外，被害枝蔓没有瘤状隆起	蛀孔附近常有虫粪，被害枝蔓常有瘤状隆起

葡萄虎蛾 ···

分类地位　葡萄虎蛾（*Seudyra subflava* Moore）属鳞翅目虎蛾科，又名葡萄虎夜蛾。

为害特点　以幼虫咬食叶片，造成缺口或孔洞，严重时可将叶片吃光，仅残留叶柄及叶片基部主脉（图156），也能咬断穗轴、果梗，影响葡萄产量。

形态特征

成虫：体长18 ~ 20毫米，翅展44 ~ 47毫米。头、胸部紫褐色，颈板及后胸端部暗蓝色。腹部及足黄色，腹背中央有1列紫棕色斑。前翅中央有紫色肾形纹和环状纹各1个，周围有灰黑色边，后缘及外缘有紫褐色宽带，翅基部1/3处有1条灰黄色内缘横线，其他部分有灰黄色并带紫色

图156　幼虫将叶片吃光

的散生斑点。后翅杏黄色，外缘有紫褐色宽带，臀角有1个橙黄色大斑，中部有星点（图157）。

图157　成　虫

卵：宽约1.8毫米，高约0.9毫米，半球形，红褐色，顶端有1个黑点。

幼虫：前端较后端粗，第8腹节稍有隆起。头部橘黄色，具黑斑；体黄色，散生不规则的褐斑，毛突褐色；前胸盾和臀板橘黄色，上有黑褐色毛突，臀板上的褐斑连成1个横斑；背线黄色较明显；胸足外侧黑褐色；腹足黄色，基部外侧具有黑褐色块，趾钩单序中带（图158）。

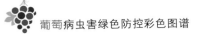
蛹：长16～18毫米，暗红褐色。

图158　幼　虫

发生特点

发生代数	在辽宁及华北地区1年发生2代
越冬方式	以蛹在葡萄根部及架下土内越冬
发生规律	翌年5月中下旬成虫羽化，常在傍晚或夜间交尾，卵产在叶背或嫩梢上。6月中下旬发生第一代幼虫，常将叶片咬成孔洞、缺刻或将叶片吃光。7月中下旬幼虫老熟后入土化蛹。7月中下旬至8月中旬为第二代成虫发生期。8月中旬至9月中旬为第2代幼虫为害期。9月中下旬或10月上旬幼虫老熟后入土作茧、化蛹越冬
生活习性	幼虫老熟后入土化蛹越冬。成虫白天隐蔽在叶背或杂草丛内，夜间交尾产卵，有趋光性。幼虫具有白天静伏叶背的习性，受惊扰时常吐黄水

防治适期　关键是要消灭越冬虫源，生长期防治要抓住6月下旬及8月下旬的虫卵孵化期。

防治措施

（1）**农业防治**　9月中下旬老熟幼虫入土化蛹，可在越冬前在葡萄架下铺设木板、木块等引诱化蛹。结合葡萄埋土与出土挖出越冬蛹，消灭越冬虫源。

（2）**物理防治**　虫量少时，可结合葡萄整枝捕捉幼虫；利用成虫趋光性，设置黑光灯诱杀。

（3）**化学防治**　施药关键时期为6月下旬及8月下旬的虫卵孵化期，可喷施5%溴氰菊酯乳油2 000～2 500倍液、2.5%高效氯氰菊酯乳油2 000倍液、4.5%溴氰菊酯乳油2 000倍液或80%敌百虫可湿性粉剂粉800～1 000倍液等。

葡萄天蛾 ·····································

分类地位 葡萄天蛾（*Ampelophaga rubiginosa*）又名车天蛾，属鳞翅目天蛾科。

为害特点 幼虫取食叶片，常形成缺刻，严重时叶片被吃光，仅留叶柄，造成树势衰弱，影响葡萄产量和品质。此虫一般零星发生，很少大面积为害。

形态特征

成虫：体长约45毫米，翅展85～100毫米，体肥大似纺锤形。复眼较大，呈暗褐色。前翅各横线均为茶褐色，中线较粗，内线次之，外线较细、呈波纹状，前缘顶角处有1个暗色三角斑，斑下接亚外缘线，亚外缘线呈波状，较外横线宽。后翅边缘棕褐色，中间多为黑褐色。翅中部和外部各有1条茶褐色横线。背中央从前胸到腹末有1条灰白纵线（图159）。

图159 成 虫

卵：球形，光滑，直径约1.5毫米，淡绿色，孵化前变为淡黄绿色。

幼虫：体长约80毫米，夏季为绿色（图160），秋季为褐色（图161），

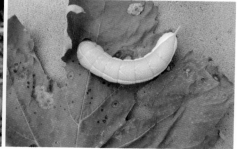

图160 绿色幼虫

体表有横纹及黄色小颗粒。头部有两对黄白色平行纵线。胸足红褐色，基部外侧黑色，其上有1个黄点。第8节背面具1个尾角。

蛹：长45～55毫米，呈纺锤形，初灰绿色，后腹面呈暗绿色、背面棕褐色，头顶有1个卵圆形黑斑（图162）。

图161　褐色幼虫

图162　蛹

发生特点

发生代数	北方1年发生1～2代，南方1年发生2～3代
越冬方式	以蛹在葡萄根部及架下土内越冬
发生规律	1代区6～7月发生成虫。3代区4～5月发生第一代，6～7月发生第二代，8～9月发生第三代。2代区翌年5月中旬化蛹，6月上旬进入羽化盛期，7月中旬开始在葡萄架下入土化蛹，7月底8月初可见第一代成虫，8月上旬可见第二代幼虫为害，10月左右老熟幼虫入土化蛹越冬
生活习性	成虫白天潜伏，黄昏开始活动，有趋光性，将卵散产于叶背和嫩梢上。幼虫夜晚取食，活动迟缓，白天静伏于枝叶上，受触动时头、胸部左右摇摆，口器吐出绿色液体

防治适期　低龄幼虫期（三龄幼虫前）。

防治措施

（1）**农业防治**　清除虫源，北方可结合冬春季节埋土、挖土清除虫蛹。

（2）**物理防治**　利用葡萄天蛾成虫的趋光性，设置黑光灯进行诱杀；在夏季修剪枝条时，人工捕杀幼虫（由于虫树下有大量虫粪，因此容易发现）。

（3）**生物防治**　幼虫三龄前，可喷洒苏云金杆菌可湿性粉剂，幼虫中毒后死亡、腐烂；成虫产卵期释放赤眼蜂，赤眼蜂可寻找害虫的卵并寄生，致卵死亡，但释放天敌时应注意避免施用广谱性杀虫剂。

（4）**化学防治**　在低龄幼虫期药剂喷杀，可用2.5%三氟氯氰菊酯水乳剂3 000倍液、2.5%溴氰菊酯乳油3 000倍液或25%灭幼脲悬浮剂2 000 ～ 2 500倍液等。为害较重的果园可在幼虫发生期混用敌百虫、敌敌畏等药剂进行防治。

PART 3

绿色防控技术

概述 ··

　　病虫害是影响葡萄品质和产量的重要因素。据不完全统计，目前为害葡萄的真菌性病害有约50种，细菌性病害1种，病毒种类30多种，虫害120多种。近几年来，随着气候和环境的变化，原来不为害葡萄的病虫害，比如棉铃虫、绿盲蝽、小麦蚜虫等，也开始为害葡萄，并在个别果园或个别地区为害严重，因此我国葡萄主产区病虫害的发生呈逐年加重的趋势。目前，葡萄病虫害已成为葡萄种植最为重要的制约因素，而葡萄病虫害的防控技术也成为决定葡萄种植成功和丰产优质的一个关键因素。

　　在很长一段时间内，我国对葡萄病虫害的防治主要依赖于化学农药。从短期来看，化学防治具有防效高、成本低、作用速度快等优点，特别是在中华人民共和国成立初期，为解决人民的温饱问题也做出了巨大的贡献。但是，化学农药的过度使用，尤其是不科学、不合理的使用也让我们付出了巨大的生态代价。"预防为主，综合防治"是病虫害防控工作中需要遵循的植保工作方针，但是由于病虫害防控工作的复杂性，一直以来未能在农业生产的第一线真正贯彻实施。目前的多数病虫害防治仍以化学防治为主，导致了农产品中农药残留超标，并将有害物质带入到生态系统中，间接为害到人类的身体健康。随着我国的发展进入了新的时代，人们的生态理念不断提升，保护生态环境已经成为刻不容缓的时代任务，坚持"绿色植保、生态植保"的葡萄病虫害防控已经成为了时代的主流。

　　从过度依赖化学防治，到病虫害的综合治理，再到生态调控病虫害为主的绿色防控技术，我们的防治理念也变得更加可持续、绿色和环境友好。目前，在有效控制葡萄病虫害的同时，要做到努力减少化学农药的使用量，减轻对环境的污染，就必须从农田生态系统整体出发，以农业防治为基础，积极保护利用自然天敌，恶化病虫的生存条件，提高农作物抗病虫能力，在必要时合理的使用化学农药，将病虫危害损失降到最低限度，使得葡萄病虫害防治在有效控制有害生物、满足绿色植保理念的同时，确保果品生产安全，提高果品品质，促进果业增产、果农增收。

农业防治···

　　农业防治技术，就是利用农业生产中的耕作栽培技术，创造有利于植物生长、不利于病虫生存的环境条件，从而达到控制病虫害的目的。

　　耕作是改变植物土壤环境的一种措施，可直接影响土壤中的病原物。土壤翻耕后，由于土壤表面的湿度较低，同时接受阳光中紫外线的照射，能使一部分病原物或地下害虫在干燥、曝晒的情况下很快死亡或降低活力，还可以增加被天敌捕食的概率，减少病虫的基数。

　　合理轮作是控制土传病害和专性寄主病虫害的有效措施。与非寄主植物的合理轮作，可使病原物和害虫找不到合适的寄主而失去生活力。同时，合理轮作还能改善土壤的理化性质，促进根际微生物对病原物的拮抗作用。不同的有害生物在土壤中存活的期限不同，因此轮作的间隔也不尽相同，如葡萄病毒病8～15年，葡萄根瘤蚜需5年以上的轮作期。

　　采用合适的栽培管理措施可提高作物的抗逆性，使作物的感病期和病原物的侵染高峰期错开。例如，根据当地的气候特点，选择合适的品种或者调整开花时间，使葡萄在本地区相对干燥的时间成熟，可有效减轻腐烂病的发生。郁闭的果园，会增加白粉病、灰霉病、叶蝉、粉蚧等害虫的发生概率，因此需进行合理的修剪，改善果园的通风透光条件，以减轻该类病虫害的发生程度。园内铺园艺地布可降低棚内湿度，减轻病害（图163）。

图163　园内铺园艺地布

　　合适的水肥管理制度是葡萄能够正常生长的保障。一般来讲，磷、钾肥有利于提高作物的抗病性，氮肥过多易造成植株徒长降低抗病性。中微量元素的合理使用可以改善葡萄的机能和营养平衡，增加抗病虫能力。葡萄园建园时应该具有良好的排灌系统，不但可以减少园内积水，降低果园湿度，而且可按照葡萄的需水规律，适时补充水分，保证树体的正常需要。同时为减轻某些土传病害（如根癌病）的发生，提倡使用滴灌、微灌等水肥一体化设施，避免大水漫灌。

加强对地面杂草的管理。田间的杂草，即是一些病原物及害虫的主要栖息地，也可能是病毒病的毒源植物，可作为病虫害传播的介体寄主，同时也是害虫天敌的重要栖息场所。例如，除草是防控绿盲蝽、叶蝉、灰霉病的有效措施。但是，行间生草也可以改善果园微环境减少白腐病的传播机会，因此无论是地面实行自然生草还是清耕管理都需要在使用前根据当地的生态条件、气候特点、地域特点等因素综合评估该措施的利弊，才能达到减轻病虫害发生的同时，又能改善葡萄园生态环境的目的。

物理与机械防治

物理防治，即采用物理的方法消灭害虫，或改变其物理环境，创造一种对害虫有害或阻隔其侵入的方法。应用各种物理因子如光、电、颜色、温度、湿度、声音等及机械设备来防治害虫的方法。物理防治的理论基础是人们在充分掌握害虫对环境条件中的各种物理因子如光照、颜色、温度等的反应和要求之后，利用这些特点来诱集和消灭害虫。

1. 捕杀

捕杀是指用手工及一些简单器械来防治病虫害，以达到病虫害综合防治目的一种物理方法。如剪去虫稍病果、摘除卵块等。

2. 物理阻隔

物理阻隔是指依据病虫害发生规律及生活习性，设置各种障碍物，防止其为害或蔓延，或就地消灭病虫害。如使用防虫网、果实套袋、涂防虫胶环、扎塑料布等。目前以果实套袋（图164）应用较为广泛，不仅能有效预防病虫害对果实的侵害，同时还能抵御环境因素对果实外观造成的不良影响，显著改善果面品质、有效降低果品农药残留等。

3. 诱杀

（1）食物诱杀　如利用树叶、菜叶等引诱蜗牛等有害生物，在树干基部束扎草把或瓦楞纸引诱螨类、蛾类幼虫，待其在诱集物内化蛹后或越冬时将其取下，集中杀灭。还可利用害虫的趋化性，配制适合某些害虫口味的有毒诱集液，诱杀害虫。当前应用较广的为糖醋液，通常的配方体积比

图164　果实套袋减轻病虫侵染

例为糖：醋：酒：水=3：4：1：2，并加入适量杀虫剂，可用于诱杀金龟子等害虫。

（2）**灯光诱杀**　白炽灯、黑光灯、高压汞灯等都可用于诱杀有趋光性的各类害虫。近年开发推广的频振式杀虫灯（图165）将灯光诱杀的成效进一步提升，频振式杀虫灯将光波设在特定的范围内，灯外配以频振高压电网将害虫诱集触杀。研究表明，频振式杀虫灯对多种害虫有很好的诱杀效果，涉及17科30多种，主要有斜纹夜蛾、甜菜夜蛾、银纹夜蛾、猿叶甲、黄曲条跳甲、象甲、金龟子、飞虱等，但对天敌也有一定的杀伤力，

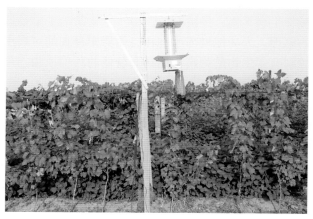

图165　频振式杀虫灯诱杀害虫

如草蛉、瓢虫、隐翅虫、寄生蜂等。

（3）**颜色诱杀** 利用不同害虫特殊的趋色特性，用不同颜色的粘虫板诱虫，可以有效控制特定害虫发生，还可用于监测田间害虫数量变化。有色粘虫板作为一种非化学防治措施，能诱杀大量成虫，可避免和减少使用杀虫剂，对环境安全，但也存在对天敌昆虫的误伤现象。目前，国内使用的粘虫板主要有两大类：一类是自制粘虫板，将凡士林或机油等粘性物质涂在不同形状和大小的有色板上制成；另一类是商品粘虫板，采用生物、环保高新技术，在有色板两面涂高分子粘合胶制成，具有涂胶均匀、不流淌、不易干燥、抗雨淋和日晒、粘性强且持久等特点。诱捕效果尤为明显，且无毒、安全、卫生，使用方便。

4. 高温杀虫

即用高温处理杀死害虫或病原菌。利用超出病、虫、草等有机体所能忍受的极端温度控制病虫草害是物理防治的重要方法之一。大约在一个世纪之前温度控制已经被引入植物保护领域。相关研究报道，利用高温进行旱田除草等。此外还可使用热水浸种、热水土壤消毒等方式灭杀病原物等。

生物防治

生物防治是利用有益的生物或其代谢产物防治有害生物的方法，其优点是对人畜安全、没有残毒，对环境和果品没有污染，有害生物对其不产生抗性，不破坏生态平衡，经济有效。由于生物防治主要是运用自然界生物相生相克的原理，人为地增加原本在自然界中存在的对病虫害有相克的生物，用来控制有害生物的为害，故具有较低的环境风险，是一种环境友好的植保技术。

发达国家生物防治技术在粮食、蔬菜、水果和观赏植物生产中应用率很高，欧洲的部分地区应用率达到50%以上，温室等设施中病虫防治应用率在80%以上。如荷兰80%以上的温室释放天敌昆虫和传粉昆虫，露地果园普遍采用性诱剂防治害虫。在生物防治的产业化方面，发达国家处于领先地位，丰富多样的生防产品及其完善的市场供应网络也推动了生物防治技术的研究和应用。现在世界上共有170多种天敌昆虫被商品化生产和销售，其中捕食螨26种，瓢虫有24种，草蛉有6种，寄生蜂有93种，捕食螨有19种，捕食性蓟马2种，双翅目有6种，螳螂目有2种。目前在国内葡萄生产上经常采用的生防措施主要包括：引进释放天敌、利用昆虫激素防治害虫、应用病原微生物等。

1. 引进释放天敌

在葡萄园发生的多种害虫中，只有少数种类常年造成为害，必须采取其他辅助措施进行防治；多数种类长期处于被自然抑制的状态，不能形成大的危害，主要原因就是天敌起着重要的自然控制作用。葡萄害虫天敌很多，主要有捕食性天敌和寄生性天敌两大类。常见捕食性天敌如草蛉、瓢虫、蜘蛛、螳螂等，可捕杀各种害虫甚至各个虫态。寄生性天敌主要包括各种寄生蜂等，可寄生于害虫的体内或体外。如星毛虫在蛹期有天敌寄生蜂和寄生蝇寄生，金龟子的幼虫（蛴螬）体内有天敌白毛长腹土蜂和大黑臀钩土蜂，欧洲有利用金小蜂、赤眼蜂等寄生性天敌防治葡萄害虫的实例。葡萄短须螨、粉蚧也发现有捕食螨、瓢虫和寄生蜂等天敌。因此，害虫天敌对害虫的发生有着重要的抑制作用。果园主要捕食性和寄生性天敌种类及捕食对象见下表。

果园主要天敌种类

类别	天敌	防治对象
捕食螨	胡瓜钝绥螨、智利小植绥螨、西方盲走螨等	蓟马、害螨、粉虱等
瓢虫	七星瓢虫、深点食螨瓢虫、光缘瓢虫等	蚜虫、害螨、粉虱、介壳虫等
草蛉	普通草蛉、叶通草蛉、红通草蛉等	蚜虫、粉虱、鳞翅目幼虫卵等
寄生蜂	赤眼蜂、丽蚜小蜂等	鳞翅目害虫卵及幼虫、粉虱等
捕食蝽	小花蝽、欧原花蝽、大眼长蝽等	蓟马、蚜虫、粉虱、叶螨等
双翅目	食蚜瘿蚊、食蚜蝇等	蚜虫、叶螨等
螳螂	中华大刀螳、薄翅螳螂等	多种害虫

此外还可在果园周围或园内种植多种蜜源植物。许多寄生性天敌在成虫期需要补充营养，园中开花植物可提供寄生蜂或寄生蝇以花蜜，使之寿命延长、性器官成熟、繁殖能力提高，在害虫不足以满足其生存需求时，还可作为短暂的替代食物，以维持其生存而不至于迁飞到其他地区。在某些金龟子发生地区分期播种蜜源植物，可以吸引捕食金龟子的土蜂前来采

蜜并捕食，对防治金龟子有良好的效果。

2. 利用昆虫激素防治害虫

昆虫的生长、发育、变态、繁殖、滞育等功能和活动，都会受到体内产生各种类型的激素的调控。在生产上应用最广泛的为人工合成的昆虫性信息素，一般叫性引诱剂，简称性诱剂。可以利用性诱剂诱杀、干扰交配进行防治和测报。用性诱剂防治害虫，高效、无毒、无污染，是一种无公害治虫技术。目前性诱剂产品多做成诱芯、迷向丝，性诱剂的使用也十分简便，操作时依据说明合理安排设置密度，对害虫具有较好的防治效果。目前在葡萄上已经商品化的性诱剂产品有：绿盲蝽诱芯、葡萄透羽蛾诱芯、葡萄蛀果蛾诱芯等。也可直接利用活体的昆虫成虫进行防治，例如葡萄星毛虫雌蛾分泌的性激素对雄蛾诱引力强，可将雌蛾装入纱布袋挂在田间，下面放1盆水（水内可放入少量洗衣粉增加黏着性），可大量诱杀雄蛾。利用蜕皮激素、保幼激素，干扰昆虫的蜕皮过程，一般用于鳞翅目昆虫的防治，目前生产中常用的有灭幼脲1号、3号。

3. 应用昆虫病原微生物

我国近年来已研制出一些较好的生物制剂，如阿维菌素、白僵菌、绿僵菌、苏云金芽孢杆菌（BT）等。鱼藤酮能阻断昆虫的正常能量代谢，喜树碱是目前发现的最有效的植物性昆虫不育剂，胡椒科植物中的胡椒酰胺类物质具有神经毒素的作用，雷公藤的提取物质能抑制一些病菌孢子的发芽和生长或阻止病菌侵入植株。利用BT杀虫剂防治鳞翅目害虫很有效果。

应用昆虫病原微生物防治病虫害应注意以下几个方面的问题：①生物农药速效性较差，因此其施用的时间应比化学农药提前数天，具体的时间以每种生物农药的特性为准。②随着环境湿度的提高，生物农药的效果也明显提高，在相对湿度较高的早晚使用效果较好。③太阳光中的紫外线对生物农药中的活性物质有明显的杀伤作用，应尽量在紫外线较弱的早晚或阴天使用。④在使用生物农药时，温度最好保持20℃以上。据试验，在温度25℃～30℃的条件下，喷施后的生物农药要比10℃～15℃的杀虫效果高1～2倍。⑤除明确标明允许的种类外，尽量不要与其他药剂混用；储存时应放在阴凉、黑暗处，避免高温或曝光，远离火源，随用随配避免长时间放置。

生物防治的效率一般不如化学防治高，作用比较缓慢，且常受条件的影响而使其效果不够稳定。因此，应尽量把生物防治措施与栽培管理技术以及化学防治结合起来，做到多种措施协同控害，才将能更好地发挥生物防治的作用。

化学防治 ·····················

　　化学防治是指利用化学药剂来控制病虫害，是综合防治中的一项重要措施。与其他防治措施相比，化学农药具有见效快、防效高、用法简单、便于大规模生产和使用等优点。但是如果使用不当，也会造成环境污染、人、畜中毒；害虫产生抗药性及次要害虫上升等问题，农药只是一种人们对付有害生物及保障人类生存的工具，因此必须做到农药的科学使用，精准用药，最大限度的发挥农药的优势，降低其带来的负面效应。

1. 农药种类和剂型的科学选用

　　使用农药时，必须认准病虫的种类，有针对性地选择合适的农药品种和剂型。优先选择高效低毒、低残留的农药，尽量不要使用广谱农药，以避免杀伤天敌和非靶标生物，增加生态风险。在作物的敏感期禁止用药。如果葡萄产品需要外销，还需要注意不能选择被该国市场明令禁止使用的农药品种。

　　严格按照农药的标签用药，不能随意加大农药用量。《农药标签和说明书管理办法》（农业部令2017年第7号）中，要求农药标签应当标注：农药名称、剂型、有效成分及其含量；农药登记证号、产品质量标准号以及农药生产许可证号；农药类别及其颜色标志带、产品性能、毒性及其标识；使用范围、使用方法、剂量、使用技术要求和注意事项；中毒急救措施；储存和运输方法；生产日期、产品批号、质量保证期、净含量；农药登记证持有人名称及其联系方式；可追溯电子信息码；象形图等相关信息。使用时应仔细阅读农药标签，尤其是使用范围即适用作物或者场所、防治对象，使用方法是指施用方式如喷雾、撒施、灌根、种子处理等，使用剂量用每亩使用该产品的制剂量或者稀释倍数表示，使用技术要求主要包括施用条件、施药时期、次数、最多使用次数、安全间隔期，对当茬作物、后茬作物的影响及预防措施，以及后茬仅能种植的作物或者后茬不能种植的作物、间隔时间等。使用过程中一定要仔细阅读标签说明书，科学合理使用。

农药的科学选择，还包括药剂的轮换和科学使用。在田间，经常是两种或多种有害生物的防治适期，应考虑兼治和合理混配的方式及手段，合理选择药剂。

2. 适时用药防治

防治病害应在发病初期施药，防治虫害一般在卵、孵化盛期及低龄幼（若）虫适期用药。按照预防为主，综合防治的理念，葡萄病虫害的防治，策略上应该是"前狠后保"或"前重后保"。也就是说，前期的措施要狠、要重，杀灭、控制越冬后的病、虫，把病虫害的基数压到很低的水平，从而保证在葡萄的生长前期，没有病虫害的威胁，而且为后期的病虫害防治打下基础；在后期，尤其是成熟期前后，以普通、安全性的措施进行保护。所以开花前是全年防治病虫害的重点之一。一般情况下，开花前有4个防治适期。

（1）**2～3叶期**　该期是指葡萄展叶后，80%以上的嫩梢有2～3片叶已经完全展开时。从病虫害的防治点考虑，2～3叶期是防治红蜘蛛、毛毡病、绿盲蝽、白粉病、黑痘病非常重要的防治点。所以，有红蜘蛛、绿盲蝽、白粉病、黑痘病发生的地区、果园、地块，应采取措施进行防治。从气候上考虑，发芽前后干旱，或春季干旱地区，红蜘蛛、毛毡病、绿盲蝽、白粉病是防治重点；气候湿润，雨水较多的地区，黑痘病、炭疽病、霜霉病是防治重点。

（2）**5～6叶期**　该期是2～3叶期的配合和补充，雨水多、湿度大的年份和地区，使用1次杀菌剂；虫害发生压力大的区域，可酌情使用1次杀虫剂，一般情况下可忽略此次用药。

（3）**花序展露期**　该期一般指葡萄第6叶展叶后，果园中100%的花序已经展露，花序继续生长但95%的花序呈"火炬"状花序梗和花梗没有展开时，是本次防控的时期。

花序展露期是防治炭疽病、黑痘病、斑衣蜡蝉、缺硼症的非常重要的防治点。在花序分离期，采取的措施对防治绿盲蝽、白粉病、霜霉病、灰霉病等有效，应根据气候条件兼顾。从气候上考虑，在花序展露期干旱，或春季干旱地区，斑衣蜡蝉、红蜘蛛、绿盲蝽、白粉病是防治重点；气候湿润，雨水较多的地区，黑痘病、炭疽病、霜霉病是防治重点。从葡萄园病虫害发生历史来考虑：往年发生严重的病虫害，花序展露期是这些病虫害的防治要点，应采取措施进行防治。与葡萄园前期使用的药剂、采取的措施相配合；与2～3叶期采取的措施配合。

（4）**花序分离期** 该期一般是指葡萄花序开始为"火炬"形态，之后花序轴之间逐渐分开，花梗之间、花蕾之间也分开，不紧靠在一起。90%以上的花序分离状态时，可采取措施。

从病虫害的防治点考虑，花序分离期是防治灰霉病、黑痘病、炭疽病、霜霉病、穗轴褐枯病的重要的防治点，是开花前最为重要的防治点。结合使用杀虫剂防治斑衣蜡蝉。该期是补硼最重要的时期，有缺硼引起的大小粒、不脱帽、花序紧等问题的葡萄园，可适量补充硼等微量元素。从气候上考虑：气候干燥、干旱，可以根据去年和前期的防治，酌情使用农药；如果气候湿润，或雨水较多的地区，必须采取防治措施，而且要根据去年病害发生情况，调整防治措施。从葡萄园病虫害发生历史来考虑，去年发生普遍或发生严重的病害，在花序分离期重点采取相应的措施进行控制。

在葡萄生长中后期，套袋葡萄套袋后，面临的主要问题是枝条和叶片的保护。禁止霜霉病的流行，防治好酸腐病，预防黑痘病。雨季是霜霉病容易大发生的时期。对于霜霉病的要抓住发病中心和在雨季来临之前重点防治。这一时期，联合使用保护性和内吸性的杀菌剂是防治的关键。对于不套袋葡萄，落花后的前3次农药的使用，基本与套袋葡萄相同。之后可根据具体情况予以调整。

采收后使用的杀菌剂，以具有杀灭效果的杀菌剂为主，比如铜制剂；防治虫害，使用内吸性、高效、低残留的杀虫剂。要注意防治霜霉病、褐斑病大、黑痘病、虎天牛、透翅蛾。

在用药剂防治时，要根据药剂的特性选择合适的种类。在生产实践中，许多果农在病害发生后甚至病害已经非常严重时，仍然使用保护性杀菌剂，连续多次喷施，收效却甚微。虽然影响防治效果的因素很多，但最关键的仍是选择杀菌剂的种类及喷药的时间：广谱保护性杀菌剂适合在病害发生前使用，使植物的表面建立起保护膜，防止病菌侵入；当病害已经发生后，说明病菌已经侵入植株体内，应使用内吸性杀菌剂，使药剂的有效成分迅速传导、内吸至植物体内，药到病除。

适时用药包括两方面的含义：一是抓住防治病虫害的关键时期，会起到事半功倍的效果。例如，炭疽病防治的关键时期是落花前后和初夏，霜霉病应加强雨季的规范保护，防治白腐病应阻止分生孢子的传播。在病虫害防治的关键时期用药会大大减少后期农药的用量，是农药科学使用的重要内容。二是要尽可能发挥农药的潜能。例如，雨季是很多病害的暴发流行期，使用50%嘧菌酯·福美双，能充分发挥其广谱性和高效性。充分发挥农药的潜能，也是农药科学使用的重要内容。

3.采用适宜的施药方法

采用适宜的农药施用方法，让农药适时使用到葡萄植株上，并迅速到达合适的位点或靶标。针对果园立地环境、种植模式、果树树龄等，选择合适的施药器械及方法。如某些害虫仅在局部发生，则适合点施而不需全园喷药，不仅降低成本，也有利于生态环境的保护。在设施内等密闭的场所，则可以采用烟剂熏蒸处理，成片且面积较大的区域可与地面防治结合使用无人机施药。选择和使用对应的施药方法和器具，提高农药的利用率，是农药科学使用中重要的环节和内容。

4.合理混用，交替用药

将两种或两种以上含有不同有效成分的农药混配在一起施用，称为农药的混用。农药的混用必须掌握3个原则：一是必须确保混用后化学性质稳定，二是必须确保混用后药液的物理性状良好；三是确保混用后不发生药害等副作用。同时农药混用时要掌握5项技术：①严格按照农药使用说明书规定的要求去做。②混用的品种一般不超过3种，否则会增加失效或药害的风险。③先做小范围混用试验，确认没有发生不正常现象时再在田间大规模使用。④掌握正确的农药混用方法和程序。⑤农药混用应现用现配。

农药的轮换和交替使用主要是基于两方面的考虑，一方面是阻止或延缓抗药性的产生。如甲霜灵和恶霜灵有交互抗性，乙霉威和异菌脲有交互抗性，这两种农药则不能同时使用。另一方面，轮换用药可有效减少某一种化学农药的残留。